职业教育建筑类专业“新形态一体化”系列教材

3ds Max 效果图制作
——建模篇

第 2 版

（配模型渲染学习资料）

主　编　陈瑞卿
副主编　陈瑞涛　胡红月　舒　洋
参　编　刘京肖　张　希　李永霞　尚文阔

机 械 工 业 出 版 社

本书采用案例形式进行编写，语言通俗易懂，案例由浅入深、从易到难，并且还设计了较多技巧提示，对学生进行点拨；等学习到一定阶段后，学生就可以自由发挥，制作出具有特色的案例模型。

本书共5个项目，项目一　认识3ds Max包括了解装饰效果图制作流程、认识3ds Max工作环境、学习3ds Max界面设置，项目二　基础建模包括餐桌与餐椅建模、显示器建模、时尚地灯建模、五斗橱建模、手串建模，项目三　二维建模包括铁艺扶手建模、果盘与苹果建模、窗户建模、天花板建模、实木镶板门建模、吧台与吧台凳建模、水杯建模、花瓶建模、射灯建模、床与床头柜建模，项目四　高级建模包括卫浴套装建模、玻璃吊灯建模、卧室天花建模、方格天花建模、栅格天花建模、金属吊顶建模，项目五　空间建模包括卫生间建模（拼接法）、卧室建模（创建法）、客厅建模（CAD导入法）、卫生间建模（天正导入法）。

本书可作为职业院校建筑装饰专业或建筑类其他相关专业教材，也可作为效果图制作初、中级读者学习用书或相关培训用书。

为方便教学，本书配套电子教学课件、案例素材、模型渲染及PS优化等学习资料，教师可登录机械工业出版社教育服务网（www.cmpedu.com）进行下载，联系电话：010-88379934。

图书在版编目（CIP）数据

3ds Max效果图制作：配模型渲染学习资料．建模篇/陈瑞卿主编．—2版．—北京：机械工业出版社，2023.12（2026.1重印）
职业教育建筑类专业“新形态一体化”系列教材
ISBN 978-7-111-74291-3

Ⅰ.①3… Ⅱ.①陈… Ⅲ.①三维动画软件－职业教育－教材 Ⅳ.①TP391.414

中国国家版本馆CIP数据核字（2023）第223360号

机械工业出版社（北京市百万庄大街22号　邮政编码100037）
策划编辑：沈百琦　　责任编辑：沈百琦
责任校对：李　婷　　封面设计：马精明
责任印制：刘　媛
北京富资园科技发展有限公司印刷
2026年1月第2版第2次印刷
184mm×260mm·7.75印张·189千字
标准书号：ISBN 978-7-111-74291-3
定价：39.00元

电话服务	网络服务
客服电话：010-88361066	机　工　官　网：www.cmpbook.com
010-88379833	机　工　官　博：weibo.com/cmp1952
010-68326294	金　　书　　网：www.golden-book.com
封底无防伪标均为盗版	机工教育服务网：www.cmpedu.com

前　言

3ds Max 效果图制作课程是建筑装饰工程技术专业的核心课程，本书以教育部印发的《“十四五”职业教育规划教材建设实施方案》为依据，以企业实践项目、典型工作任务为载体，积极探索教材改革，通过任务案例进行实战练习，学习专业的效果图制作。具体编写思路和特色如下：

1. 新形态、活页式，“校、企、行”合作编写

本书作为“校、企、行”合作编写的新型活页式教材，以综合职业能力培养为目标，以典型工作任务为载体，每个项目都由项目概述→学习目标→多项任务操作→项目总结→素养提升 5 个部分组成，根据实际工作任务梳理知识点，每个任务（项目一除外）都由任务描述→任务实施 2 个部分来强化学习效果。

本书采用项目任务式设计，由浅入深，层层递进学习各种建模方法，螺旋递进式培养读者的操作技能和职业能力。全书语言浅显易懂，适合职业院校的学生进行学习。

2. 实用性、适用性强，案例丰富专业，技巧全面实用

本书编写注重实践性、易用性和可操作性，任务案例由具有丰富教学经验和实战经验的行业企业人员提供，并且配有大量的实用技巧说明，二者相辅相成，形成了教学新思路。

3. 德育教育、三全育人，书中设置“素养提升”模块

编者将“三全育人”理念深植于教材内容，以“行业认知”“中国榜样”等思育点来组织育人案例，结合“美学美育”“行业要求”“职业素养”等拓展阅读，提升读者的民族自豪感和行业自信心，激发读者勇于创新、精益求精的

职业操守。

4. 彩色印刷、精美版式，适合职业院校学习形式

本书采用全彩印刷，在排版设计上，用大量操作步骤图清晰展示详细操作步骤，图文并茂，注重培养读者面对真实工程项目的 3ds Max 建模应用技能。

5. 数字化、立体化，满足“互联网 + 职业教育”需要

本书配有多维学习资源，包含 23 个微课视频和相关模型文件、电子课件等，实现全方位育人，符合教学信息化发展需求。

本书由河北城乡建设学校陈瑞卿任主编；河北城乡建设学校艺术设计系主任陈瑞涛，中冀建勘集团有限公司项目经理胡红月，湖南软件职业技术大学舒洋任副主编；参与编写的还有河北大成建筑设计咨询有限公司建筑设计师刘京肖，业之峰装饰集团高级设计师张希，河北城乡建设学校优秀教师李永霞、尚文阔。在成书过程中，编者得到了校领导、教务处以及艺术设计系的郭倩、杨玲玲、秦瑶、王烨、周艳培等优秀教师的大力帮助和支持，在此表示感谢。

由于编者编写水平有限，本书难免有错误和疏漏之处，恳请广大读者批评、指正。

编者

本书微课视频清单

序号	名称	图形
1	3ds Max 工作环境	
2	打开、关闭及单位设置	
3	复制对象	
4	造型茶几建模	
5	显示器建模	
6	时尚地灯建模	
7	五斗橱建模	
8	手串建模	
9	铁艺扶手建模	
10	果盘和苹果建模	

（续）

序号	名　称	图　形	序号	名　称	图　形
11	窗户建模		18	水杯建模	
12	天花板之吊顶建模		19	花瓶建模	
13	天花板之天花建模		20	射灯之灯管建模	
14	实木镶板门之门板建模		21	射灯之灯罩建模	
15	实木镶板门之门套和把手建模		22	床建模	
16	吧台建模		23	床头柜建模	
17	吧台凳建模				

目录

二维建模

项目三

高级建模

第四章

空间建模

第五章

项目一 认识3ds Max

【项目概述】

3ds Max是一款基于Windows操作平台的优秀三维模型制作软件，它有着界面友好、功能强大、操作方便、便于理解等优点。建筑设计和表现行业需要三维软件操作便利、界面清晰、精确的尺寸输入、方便直观的灯光和材质调整以及快速渲染等，3ds Max正好符合这些要求，因此，在建设设计和表现行业，它正在扮演越来越重要的角色。本项目主要讲解建筑装饰图的制作流程、3ds Max工作环境，如软件界面、主工具栏功能、设置系统等，只有掌握了这些基本的知识，才能熟练地运用该软件制作出室内外效果图。

【学习目标】

通过本项目的学习与实践，应达到以下目标：

1. 了解室内外装饰效果图制作流程。
2. 了解并熟悉3ds Max的工作界面及打开关闭方式。
3. 学会对3ds Max系统进行简单设置。
4. 树立从业意识，端正从业态度、学习态度。

任务1 了解装饰效果图制作流程

一般而言，一幅室内外装饰效果图的制作过程可分为以下几步：

- 步骤1：建模（四种建模方法，详见本书项目五）。
- 步骤2：给模型赋材质。
- 步骤3：场景打灯光。
- 步骤4：场景渲染出图片。
- 步骤5：在Photoshop里面做后期的处理、配景等。

任务2 认识3ds Max工作环境

3ds Max是Autodesk公司研发的三维动画设计软件，广泛应用于广告制作、教育、影视娱乐、工业设计、建筑装饰设计、多媒体制作、游戏、辅助教学以及工程可视化等领域，在影视特效方面也有一定的应用。在国内发展的相对比较成熟的建筑效果图和建筑动画制作中，3ds Max 的使用率更是占据了绝对的优势。不同行业对 3ds Max 的掌握程度也有不同的要求，建筑方面的应用相对来说局限性大一些，它只要求单帧的渲染效果和环境效果，只涉及比较简单的动画；片头动画和视频游戏应用中动画占的比例很大，特别是视频游戏对角色动画的要求要高一些；影视特效方面的应用则把 3ds Max 的功能发挥到了极致。

3ds Max 工作环境

启动 3ds Max 的方法有多种，一种是将鼠标光标放在桌面上的图标上，双击鼠标左键或单击鼠标右键点“打开”，进入 3ds Max 系统界面；另一种是将鼠标放在桌面的按钮上，然后单击鼠标左键，在弹出的菜单中选择“程序”/“Autodesk”选项下的“3ds Max”。

打开、关闭及单位设置

关闭 3ds Max 的方法也有多种，一种是单击程序窗口右上角的按钮关闭；另一种是单击程序窗口左上角的按钮，从菜单中选择“关闭”选项或双击该图标按钮；还可以按下键盘上的快捷键 Alt + F4，也可以快速关闭程序。

启动 3ds Max 软件后，就可以看到 3ds Max 的软件欢迎界面，如图 1-1 所示。大家可以看到 3ds Max 2010 版本与以往版本有所区别的是增加了一个“欢迎屏幕”窗口，如果电脑上安装了 QuickTime 播放器，就可以单击不同的按钮，来观看基本技能影片。如果要关闭该窗口，单击“关闭”按钮即可。

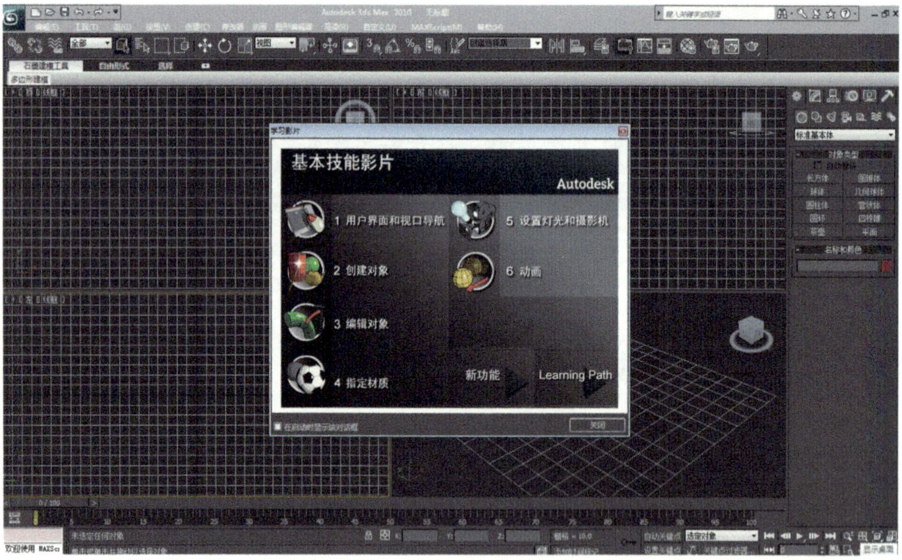

图 1-1　3ds Max 软件欢迎界面

关闭“欢迎屏幕”窗口后，进入 3ds Max 工作界面，如图 1-2 所示。

3ds Max 的工作界面包含以下区域：标题栏、菜单栏、主工具栏、视图控制区、时间滑块与轨迹栏、状态栏与提示栏、动画控制区、命令面板等。了解工作界面中各命令选项和工具按钮的摆放位置，对于在 3ds Max 中高效地进行编辑与创作是很有帮助的，下面就具体介绍 3ds Max 工作界面的主要部分。

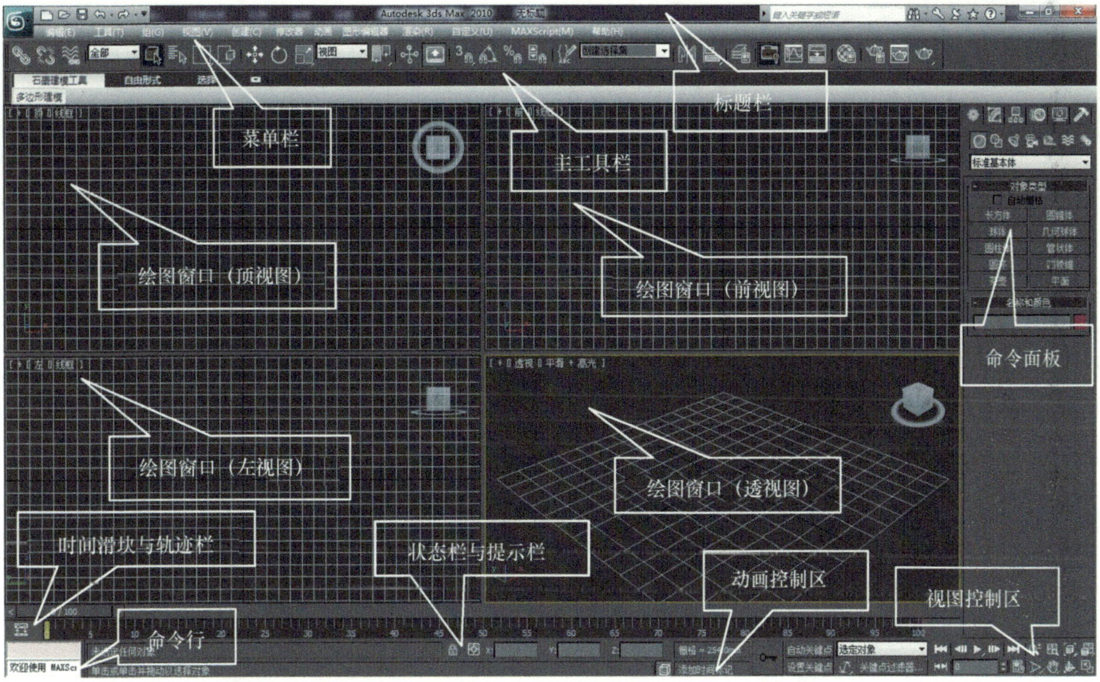

图 1-2　3ds Max 中文版工作界面

1. 标题栏与菜单栏

标题栏位于如图 1-2 所示窗口的最顶端，显示当前工作文档的“名称”“应用程序”按钮、“快速访问”工具栏和“信息中心”。单击“应用程序”按钮，将弹出“应用程序”菜单，在该菜单中为用户提供了各种文件管理命令及 3ds Max 系统下的所有操作命令，并按一定的编组方式分门别类地归结在不同的菜单项中，3ds Max 窗口的标题栏包含常用的控件，用于管理文件和查找信息，如图 1-3 所示。

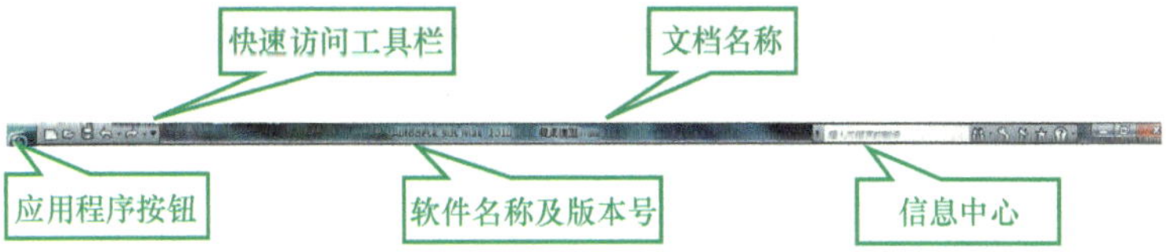

图 1-3　3ds Max 标题栏

其中，快速访问工具栏中包含新建文件、打开文件、保存文件、撤销操作和重做操作等命令，如图 1-4 所示。

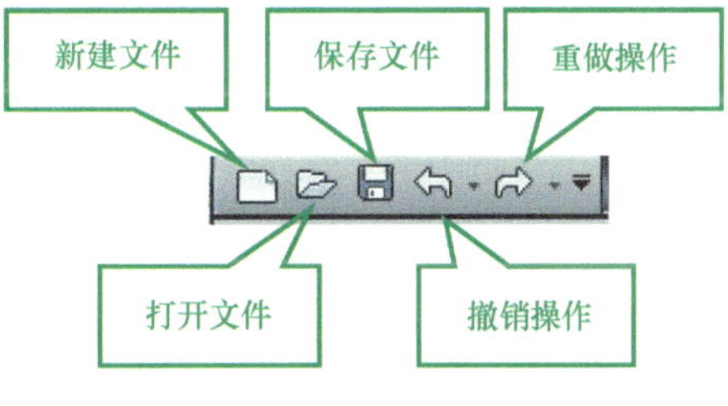

图 1-4　3ds Max 快速访问工具栏

复制对象

2. 主工具栏

在菜单栏下面一行是由多个图标或按钮组成的工具栏，叫主工具栏，如图 1-5 所示。

图 1-5　3ds Max 主工具栏

从外观上看，可以直接从按钮的图案标识上来区分其功能，它是菜单命令的快捷按钮形式，单击相应的按钮即可执行相应的命令。默认情况下，附加工具栏包括轴约束、层、附加、渲染和笔刷预设等快捷键，若要启用它们，可用鼠标右键单击主工具栏的空白区域，从弹出的列表中选择工具栏的名称即可。

详细的工具介绍如表 1-1 所示。

表 1-1　主工具栏工具功能表

按钮名称	按钮图标	按钮功能
选择并链接		利用此按钮可将两个对象链接起来，使之产生父子层次关系，以便进行连接操作
断开当前选择链接		取消选择物体之间的层次链接关系，使子物体恢复独立
绑定到空间扭曲		将所选择的对象绑定到空间扭曲物体上，使它受到空间扭曲物体的影响
选择过滤器		通过改变窗口内选项进行项目选择，默认为全部，单击下拉黑三角，该窗口包含几何体、图形、灯光、摄像机、辅助对象、扭曲、组合、骨骼、IK 链对象、点等选项
选择对象		直接单击对象对其选择，被选择对象以白色线框方式显示
按名称选择		按对象名称进行选择，被选择对象以白色线框方式显示
矩形选择区域		进行对象选择时，鼠标拉出矩形选择框，在此按钮上按下鼠标左键不放，展开五个新的按钮选择
圆形选择区域		进行对象选择时，鼠标拉出圆形选择框
围栏选择区域		进行对象选择时，鼠标绘制出任意多边形选择框
套索选择区域		进行对象选择时，鼠标绘制出套索选择框
绘制选择区域		进行对象选择时，鼠标绘制出任意形状选择框
交叉选择		进行对象选择时，只要和鼠标拉出的选择框有交叉即被选中，单击此按钮会切换到窗口选项
窗口选择		进行对象选择时，包含在鼠标拉出的选择框中的对象被选中
选择并移动		选择对象并移动，移动的限定方向根据定义的坐标轴来确定

（续）

按钮名称	按钮图标	按钮功能
选择并旋转		选择对象并旋转，其旋转限定的转轴根据定义的坐标轴来确定
选择并均匀缩放		将被选择对象进行三维等比缩放，即只改变其体积而不改变其形状。在此按钮上，按下鼠标左键不放，展开两个新的按钮选择
选择并非均匀缩放（变比例缩放）		将被选择对象在指定的坐标轴上做变比例缩放，其体积和形状都发生了改变
选择并挤压（等体积缩放）		将被选择对象在指定的坐标轴上做等体积缩放，即保持其体积不变，只有形状发生了改变
参考坐标系窗口		通过改变窗口选项，改变视图使用的坐标系统，坐标系统就是进行对象移动、旋转、缩放变形等的依据，其中包括 7 个选项
屏幕坐标系		在所有的视图中都使用同样的坐标轴，即 x 轴为水平方向，y 轴为垂直方向，z 轴为纵深方向
世界坐标系		在所有的视图中都使用同样的坐标轴，即 x 轴为水平方向，y 轴为垂直方向，z 轴为纵深方向
父对象坐标系		使用选择对象的父对象的自身坐标系统，保持子对象与父对象的依附关系，而在父对象所在的轴上进行操作
局部（自身）坐标系统		用对象自身的坐标轴作为坐标系统，对称自身的轴可以在 3ds Max 软件中进行调整
万向坐标系		万向坐标系可以与“Euler XYZ 旋转”控制器一同使用。它与“局部”坐标系类似，但其 3 个旋转轴不一定互相之间成直角。对于移动和缩放变换，万向坐标与父对象坐标相同。如果没有为对象指定“Euler XYZ 旋转”控制器则万向坐标系的旋转与父对象坐标系的旋转方式相同
栅格坐标系统		以栅格物体自身的坐标轴作为坐标系统
工作坐标系		可以自己定义坐标系
自选坐标系统		选择场景中任意对象，利用它的自身坐标系统作为坐标系统
使用轴点中心（自身轴心控制按钮）		利用选择对象各自的自身轴心作为操作的中心点，在此按钮上按下鼠标左键不放，展开两个新的按钮
使用选择中心（公共轴心控制按钮）	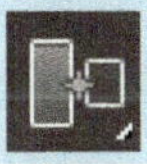	利用所有选择对象的公共轴心作为操作的中心点
使用变换坐标中心（坐标系统轴心控制）		利用当前坐标系统的轴心作为操作的中心点
选择并操纵		用于选择和改变物体的尺寸大小

（续）

按钮名称	按钮图标	按钮功能
镜像		移动一个或多个对象沿着指定的坐标轴镜像到另一个方向，同时可以产生具备多种特性的克隆对象
对齐		将源目标与目的目标进行对齐设置
层管理器		用于组织和管理复杂场景中的对象，可以新建层、查看和编辑场景中所有层的设置，以及与其相关联的对象；可以指定光能传递解决方案中的名称、可见性、渲染性、颜色以及对象和层的包含等
石墨建模工具		提供了编辑多边形对象所需的所有工具。其界面提供专门针对建模任务的工具，并仅显示必要的设置以使屏幕更简洁。功能区包含所有标准编辑、可编辑多边形工具，以及用于创建、选择和编辑几何体的其他工具
曲线编辑器（轨迹控制器）		打开轨迹视图（主要用于动画制作）
图解视图（概要视图框）		打开图解视图框，主要用于场景物体链接的显示和设置
材质编辑器		打开材质编辑器，进行材质的编辑工作
渲染场景对话框		对当前场景进行渲染设置并渲染
快速渲染		按默认设置快速渲染当前场景，在此按钮上按住鼠标左键不放，展开一个新的按钮选项
三维捕捉		三维捕捉开关，按下鼠标左键不放，展开 2 个按钮
二维捕捉		二维捕捉开关
捕捉开关		单击右键进行捕捉设置
角度捕捉		单击右键设置角度捕捉

温馨小提示：

“移动”“旋转”“缩放”是主工具栏上使用频率最高的操作工具，其中，“移动”的快捷键为 <W> 键，“旋转”的快捷键为 <E> 键，“缩放”的快捷键为 <R> 键。

3. 命令面板

在 3ds Max 视图区的右侧是命令面板区，这个区域是该软件的核心部位，同时也是绘图时最为常用的工作区域，在这个区域里包含了绝大部分的工具和命令，用户在场景中建立各种物体并对其进行修改工作基本都是在命令面板区域设置完成的，如图 1-6 所示。

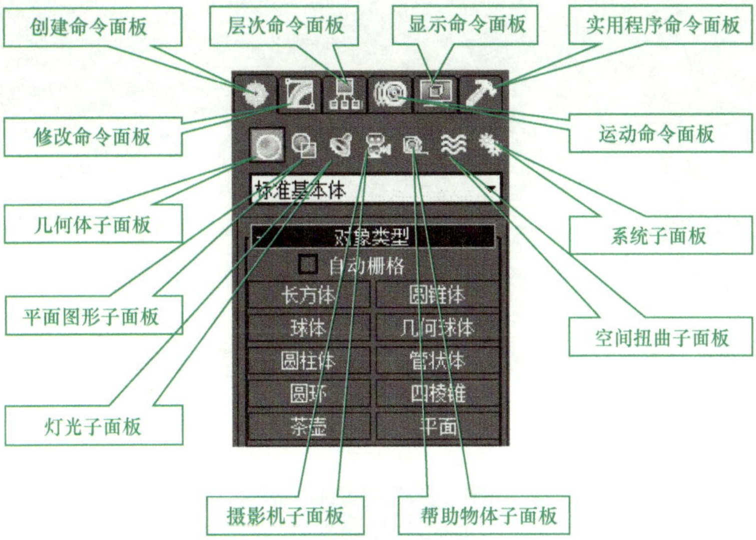

图 1-6 命令面板

 创建命令面板：建立各种图形、灯光、摄像机、空间扭曲等物体。

 修改命令面板：对建立的各种物体进行参数修改。

 层次命令面板：主要是对层次连接进行控制，设置动力学参数。

 运动命令面板：对所创建物体赋予运动效果。

 显示命令面板：对视图中的物体进行显示或者冻结等操作。

 实用程序命令面板：系统提供的部分外部程序工具。

4. 视图区

视图区是用户的主要工作区，所有对象的编辑操作都在这里完成的。视图区默认情况下有 4 个视图窗口，它们分别是顶视图、前视图、左视图、透视图，如图 1-7 所示。所有视图中只可能有一个视图是当前激活视图，激活视图具有黄色边框，是用户正在操作的工作区域。

另外，视图区的 4 个视图窗口是可以相互转换的，在视图窗口左上角的视图名称上单击鼠标右键，在弹出的快捷菜单中选择视图选项，即可转换视图，如图 1-8 所示，也可运用快捷键转换视图，激活要转换的视图，例如，按 <T> 键转换成顶视图，按 <F> 键转换成前视图，按 <L> 键转换成左视图，按 <P> 键转换成透视图，按 <B> 键转换成底视图，按 <U> 键转换成正交视图，按 <C> 键转换成摄影机视图等。

根据需要，用户还可以通过选择“视图”菜单下的“视口配置”命令，打开“视口配置”对话框，在该对话框中，选择“布局”选项卡，选择改变视图窗口的布局，如图 1-9 所示。

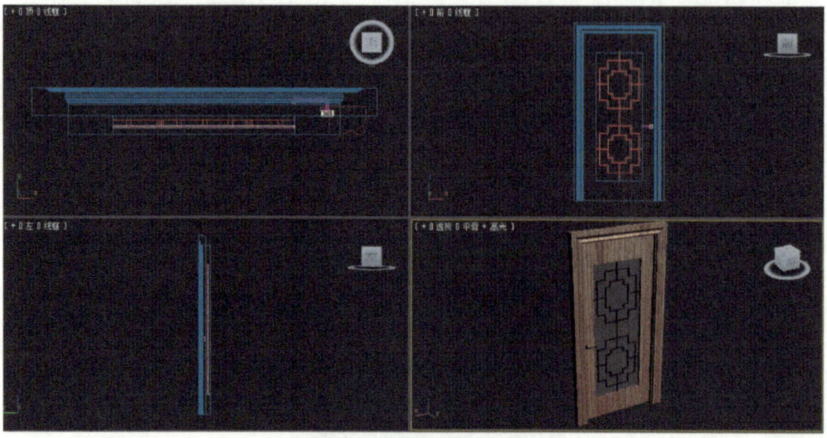

图 1-7　视图区

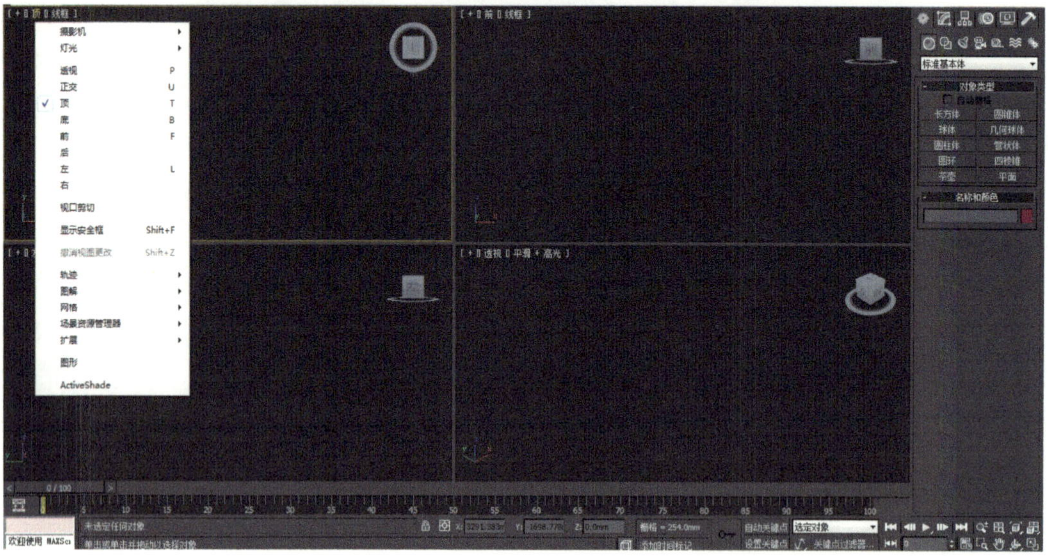

图 1-8　使用快捷菜单变换视图

5. 视图控制区

视图控制区位于如图 1-2 所示窗口的右下方，如图 1-10 所示，使用这些按钮可以对视图进行放大或者缩小控制。另外，如果将鼠标放到右下方带有小三角的按钮上并按下鼠标左键，就会弹出多个小按钮。这些按钮具有不同的作用，并且经常会使用到。

（1）缩放窗口：激活此按钮，在“透视”或“正交”视口中按住鼠标左键上下拖动鼠标，可以放大、缩小活动视口。

（2）缩放所有视图：激活此按钮，可以同时调整所有“透视”和“正交”视口中的视图放大值。

（3）最大化显示：单击此按钮，可见对象在活动的“透视”或“正交”视口的居中最大化显示。

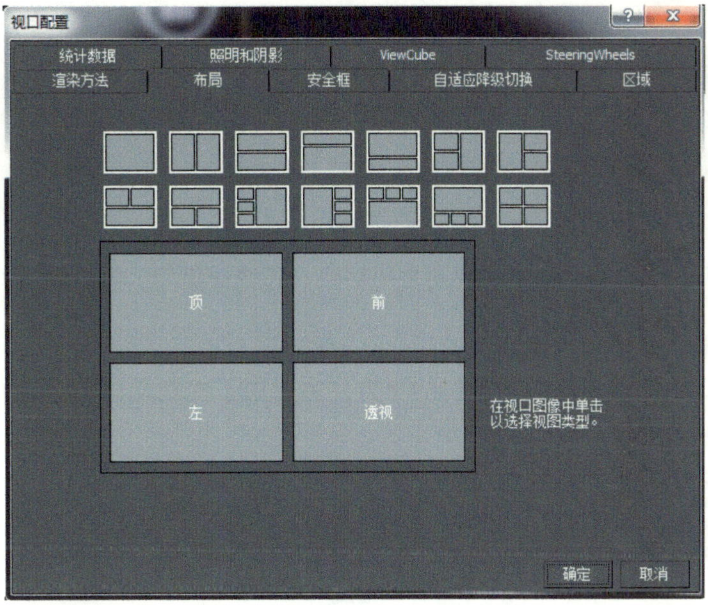

图 1-9 “视口配置”对话框

（4）最大化显示选择对象：按住“最大化显示”按钮不放，弹出此按钮，选择它后，当前活动视口中被选中的物体居中最大化显示。

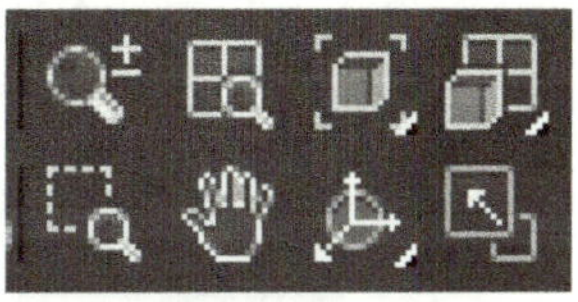

图 1-10 视图控制区

（5）所有视图最大化显示：单击此按钮，可见对象在所有视图中居中最大化显示。

（6）所有视图最大化显示选择对象：按住“所有视图最大化显示”按钮不放，显示出此按钮，选择它后，选定的对象或对象集在所有视口中居中最大化显示。

（7）缩放区域：激活此按钮，可放大在视口内拖动的矩形区域。

（8）视野：当透视图或摄影机视图为活动视口时，“缩放区域”按钮变成此按钮，虽然“视野”的效果类似于缩放，但是实际上透视是不断变化的，从而导致视口中的按钮增大或减小。

（9）平移视图：可以在与当前视口平面平行的方向移动视图。激活此按钮后，可在任意视图中按住鼠标左键不放拖动平移视图。

（10）环绕：使用视图中心作为旋转中心，如果对象靠近视口的边缘，则可能会旋转出视图。激活此按钮后，在当前视图中出现一个黄色的圆圈，按住鼠标左键在圈内、圈外或圈上的 4 个顶点上拖动鼠标，视图旋转，一般主要用于“透视图”。如果在“正交”视图中使用，会使视图变成“用户”视图。

（11）选定的环绕：按住“环绕”按钮不放，可弹出此按钮，两者功能相似，不同之处是它使用当前选择的中心作为旋转的中心，当视图围绕其中心旋转时，选定对象将保持在视口中的同一个位置上。

（12）环绕子对象：它是以所选子对象的中心作为旋转的中心，当视图围绕其中心旋转时，当前选择将保持在视口中的同一个位置上。

（13）最大化视口切换：单击该按钮，当前激活的视图满屏显示，再单击该按钮，可以恢复原状态。

温馨小提示：

使屏幕在四视图和单个选中的视图之间切换，其快捷键为 < Alt + W > 组合键。

6. 动画控制区

动画控制区位于如图 1-2 所示窗口的下方，主要用于控制动画的设置及播放、记录动画、动画帧及时间的选择，如图 1-11 所示。

图 1-11　动画控制区

7. 状态栏

状态栏位于如图 1-2 所示窗口的左下区域，它的作用主要是显示信息和操作提示，另外，它还可以锁定物体，防止发生错误操作，状态栏如图 1-12 所示。

图 1-12　状态栏

8. 时间滑块与轨迹栏

时间滑块用于控制动画在视图中显示指定帧的状态，轨迹栏显示场景使用的全部时间，如图 1-13 所示，选择具有动画的对象时，轨迹栏上将显示对象在不同时间点产生变换的关键帧。

图 1-13　时间滑块与轨迹栏

任务 3　学习 3ds Max 界面设置

3ds Max 的默认工作界面以深灰色为主，用户可以通过“自定义 UI 与默认设置切换器”命令或“加载自定义用户界面方案”来使用预置的用户界面，允许用户对界面进行自定义修改保存，用户也可以根据不同的工作需求，直接选择读取某一款设置或界面主题。

1. 预置界面主题

在菜单栏中执行“自定义”/“自定义 UI 与默认设置切换器”命令，在弹出的对话框中，可以选择需要的“工具选项的初始设置”和“用户界面方案”，如图 1-14 所示，如果在“用户界面方案”列表框中选择“ame-dark”方案，用户界面将使用黑暗色系。

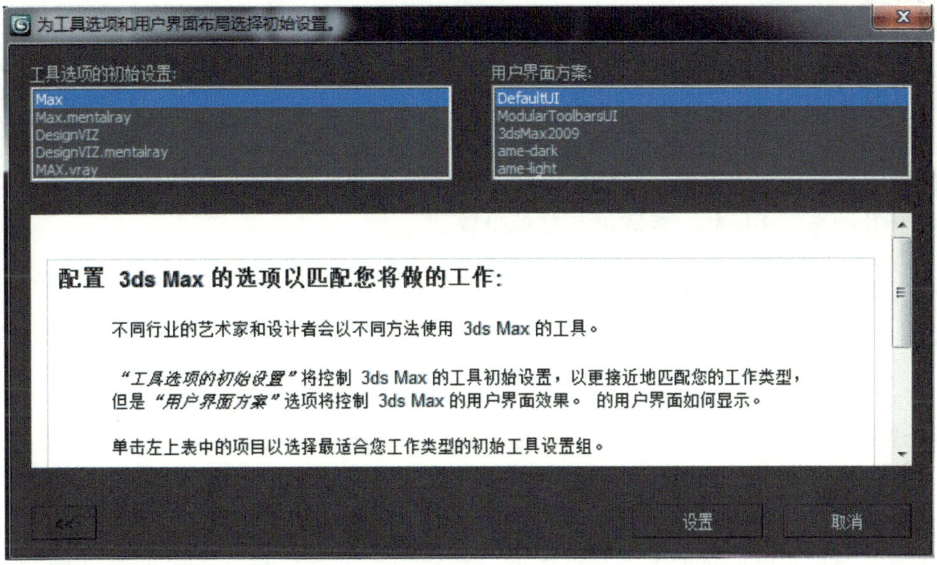

图 1-14　自定义 UI 与默认设置切换器对话框

2. 设置单位

在默认状态下，3ds Max 使用“通用单位”作为显示单位。“通用单位”是一种无量单位，一个通用单位可以代表 1m、1cm 或 1in 等。3ds Max 还包括一个“系统单位”，在多组员协同工作或多文件合并的操作中，“系统单位”的统一非常重要，否则会产生混乱的结果。“系统单位”一旦设定，直至下次用户改变之前会一直保持不变，“显示单位”只影响几何体在视口中的显示，而“系统单位”则决定几何体实际的比例。下面来设置单位。

（1）选择菜单“自定义”/“单位设置”命令，出现“单位设置”对话框，如图 1-15 所示。

（2）在“显示单位比例”组中可选择所需制式，默认为“通用单位”选项。

（3）单击“系统单位设置”按钮，出现“系统单位设置”对话框，如图 1-16 所示，设置好系统单位后，单击“确定”按钮，退回“单位设置”对话框，再单击“确定”按钮，结束单位设置。

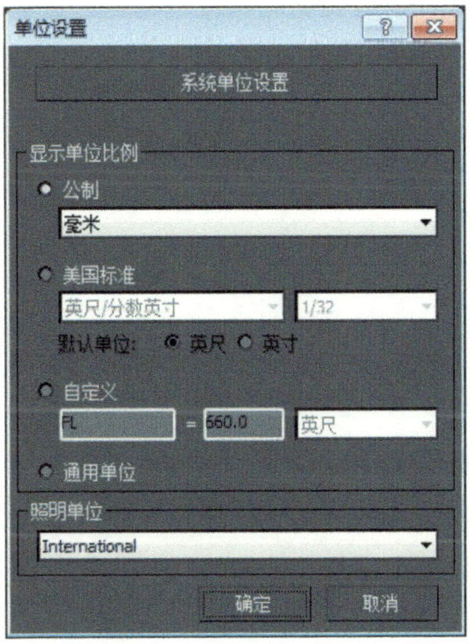

图 1-15　“单位设置”对话框

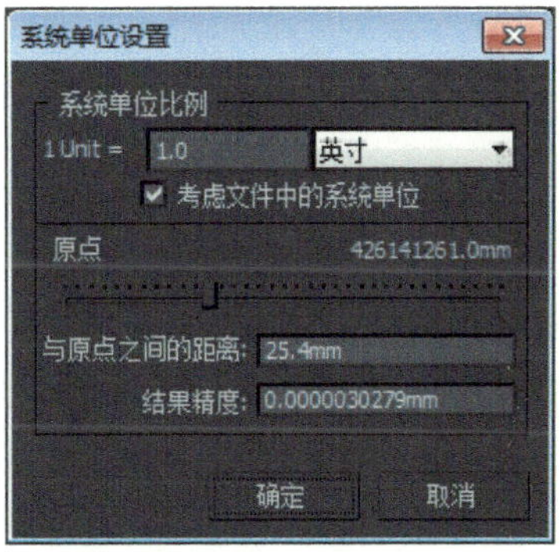

图 1-16　“系统单位设置”对话框

【项目总结】

通过本项目的学习与实践，应了解 3ds Max 制作室内外效果图的简单流程，熟悉 3ds Max 软件操作界面及基本操作，了解 3ds Max 的应用领域，熟悉 3ds Max 的工作界面及打开关闭方式，并学会对 3ds Max 系统进行简单设置。

【素养提升】

行 业 认 知

我国建筑业数字化、网络化、智能化已取得突破性进展，建筑装饰行业已经成为建筑业中的三大支柱性产业之一，是一个劳动密集型行业。建筑装饰行业是随着房地产热潮的逐步兴起，快速成长起来的朝阳产业。近些年来，伴随中国经济的快速增长以及相关行业的蓬勃发展，建筑装饰行业愈加显示出了其巨大的发展潜力，市场空间以平均每年 20% 左右的速度递增。加快建筑装饰行业的发展，提高行业整体运行质量，是全面建设小康社会的一项重要内容，充分利用计算机技术和网络技术，提高企业管理和设计、施工的信息化水平，将是实现建筑装饰行业跨越式发展的重要途径。

这就要求我们熟悉室内效果图的工作流程，认识 3ds Max 建模软件的常用菜单及命令，为之后的学习打好基础。

项目二 基础建模

【项目概述】

3ds Max 提供了非常简单易用的建模工具，比如标准基本体、扩展基本体以及一些特殊基本体（门、窗、楼梯等），我们只需在合适的视图中拖动鼠标左键即可创建一个基本几何体。这些基本体是用参数来改变形态的，用这些基本体只能制作一些简单的造型，要想制作出更精致的造型，还需要使用一些修改命令或者使用高级建模。

【学习目标】

通过本项目对餐桌与餐椅建模、显示器建模、时尚地灯建模、五斗橱建模、手串建模的学习与实践，应达到以下目标：

1. 了解并熟悉 3ds Max 软件中简单易用的建模工具。

2. 熟练掌握标准基本体、扩展基本体以及一些特殊基本体（门、窗、楼梯等）的基本操作，为后续学习打下坚实的基础。

3. 养成耐心细致、追求专注、精益求精的学习态度与工作作风。

任务 1 餐桌与餐椅建模

任务描述：

本任务主要使用 3ds Max 标准基本体中的【长方体】命令制作简易的餐桌和餐椅造型，目的是让读者对 3ds Max 有一个清晰的作图思路。餐桌和餐椅的最终效果图如图 2-1 所示。

任务实施：

步骤 1 启动 3ds Max 教学软件，单击菜单栏中的“自定义”/“单位设置”命令，弹出“单位设置”对话框，在该对话框中选择“公制”选项，在下面的下拉列表框中选择“毫米”选项，再单击“系统单位设置”按钮，此时将弹出“系统单位设置”对话框，在“系统单位比例”下方的下拉列表框中选择“毫米”选项，单击“确定”按钮。返回单位设置

图 2-1　餐桌和餐椅的最终效果图

造型茶几建模

对话框，单击“确定”按钮。单位设置已完成，后续课程中，我们在制作各种造型时使用的单位全部为“毫米”。

步骤 2 单击 （创建）/ （几何体）/ 长方体 （长方体）按钮，在顶视图中单击鼠标左键并拖动创建一个长方体，作为餐桌的“桌面”，其参数如图 2-2 所示，单击视图控制区中的 （所有视图最大化显示）按钮，效果如图 2-3 所示。

步骤 3 单击 （创建）/ （几何体）/ 长方体 （长方体）按钮，在顶视图中单击鼠标左键并拖动创建一个合适的长方体，作为餐桌的“桌腿”，其参数如图 2-4 所示。

步骤 4 利用捕捉端点的方法将餐桌的“桌腿”拖到餐桌合适的位置，再单击视图控制区中的 （所有视图最大化显示）按钮，效果如图 2-5 所示。

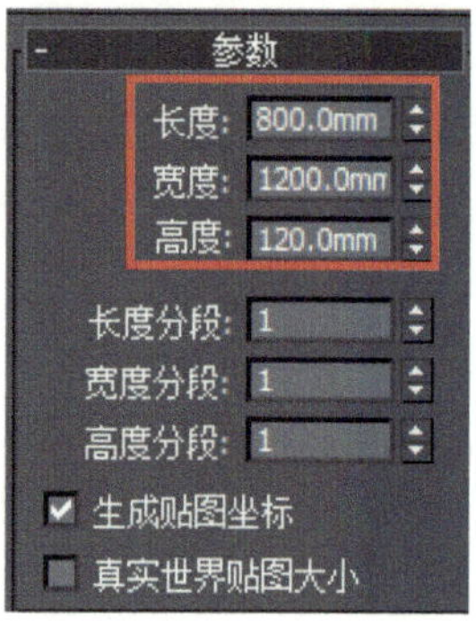

图 2-2　餐桌面的各个参数

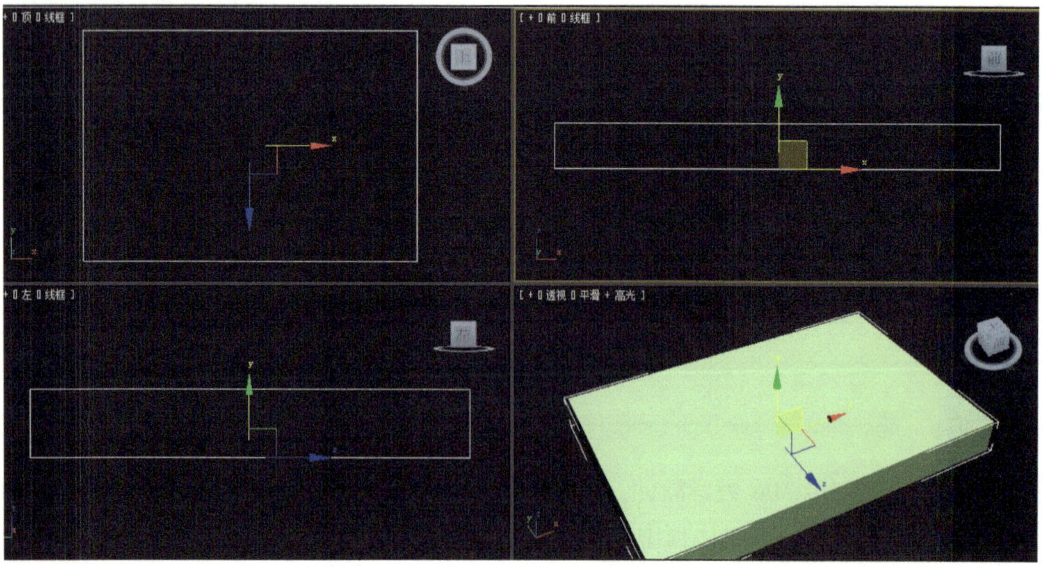

图 2-3　餐桌面在各个视图中的形态

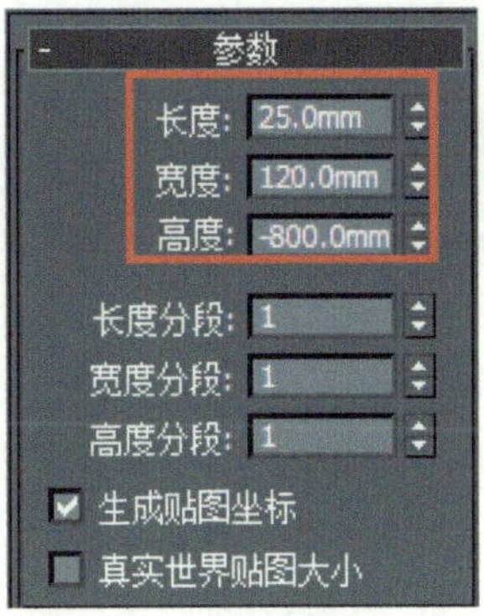

图 2-4　餐桌腿的各个参数

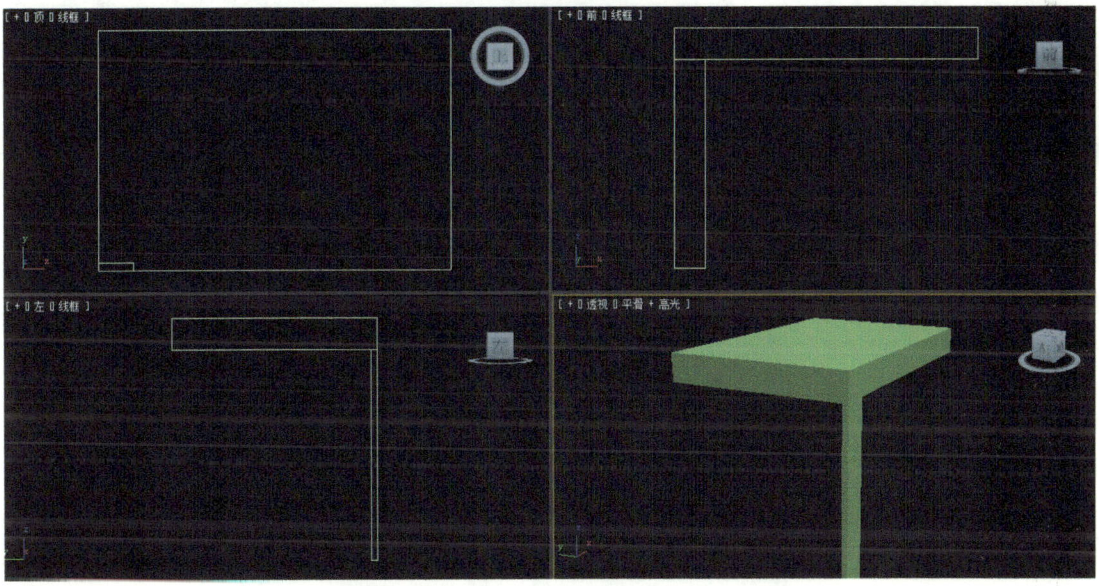

图 2-5　餐桌腿的位置

步骤 5 激活顶视图，按下 < Alt + W > 键，将顶视图最大化显示。选餐桌腿，单击工具栏中的（选择并移动）按钮，按住键盘上的 < Shift > 键，利用捕捉端点的方法拖动到合适位置释放鼠标，会弹出一个克隆选项对话框，选择“实例复制”选项，然后单击“确定”按钮，如图 2-6 所示。

步骤 6 主工具栏中右键单击（角度捕捉）按钮，弹出“栅格和捕捉”设置对话框，设置角度为“90°”，如图 2-7 所示，鼠标左键单击“激活该角度捕捉”按钮。

选中其中一个餐桌腿，激活主工具栏中（选择并旋转）按钮，并按住键盘上的 < Shift > 键，实例复制一个餐桌腿，利用捕捉端点的方法移动到合适位置，按照步骤 5 的方法实例复制得到另一个餐桌腿，效果如图 2-8 所示。

步骤 7 同时选中 4 条餐桌腿，鼠标右键选择“克隆（C）”，弹出的“克隆”选项中

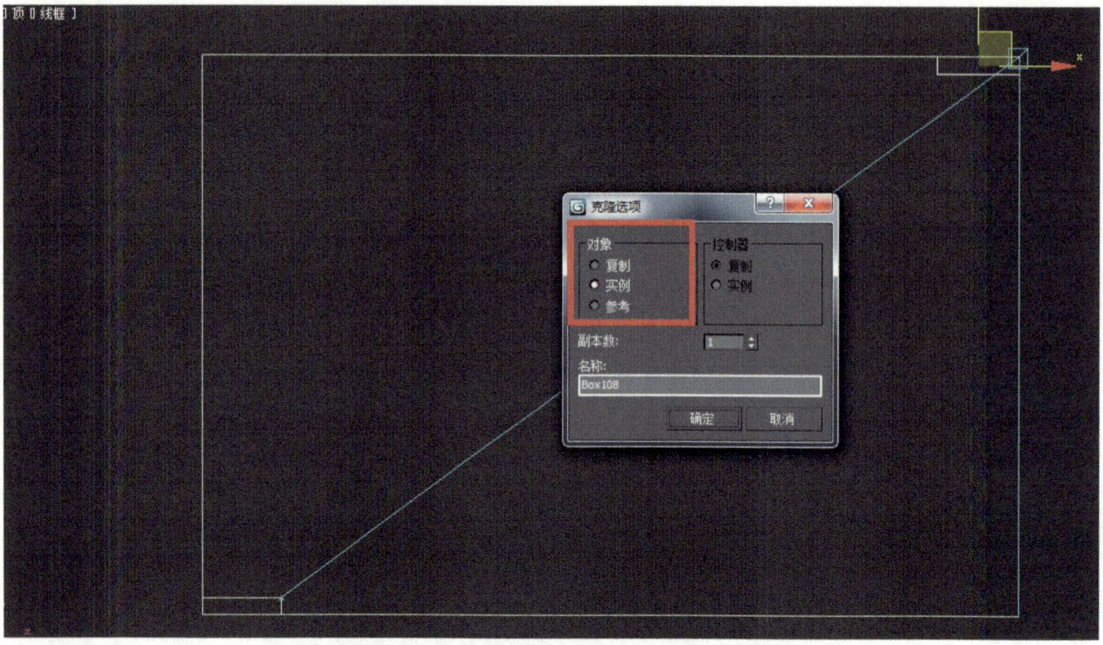

图 2-6 “克隆选项”对话框

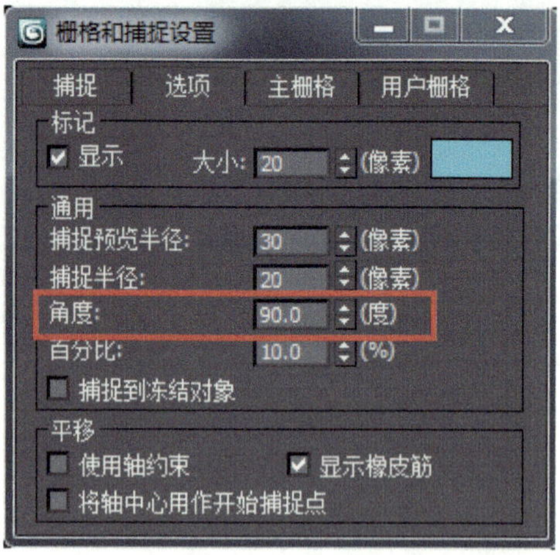

图 2-7 “栅格和捕捉设置”对话框

选择“复制”，修改参数作为餐桌面和餐桌腿之间的“连接件”，其参数及效果如图 2-9 所示。

步骤 8 单击（创建）/（几何体）/ 长方体 （长方体）按钮，在顶视图中单击鼠标左键并拖动创建一个长方体，作为餐椅的“椅面”，长方体参数如图 2-10 所示。

步骤 9 在顶视图中，鼠标右键选择“克隆（C）”，弹出的“克隆”选项中选择“复制”，修改参数作为餐椅面下面的“挡板”，其参数及效果如图 2-11 所示。

步骤 10 在顶视图中，利用捕捉端点的方法，将餐椅挡板的左下角点移动到餐椅面的

图 2-8　餐桌腿与餐桌面的关系

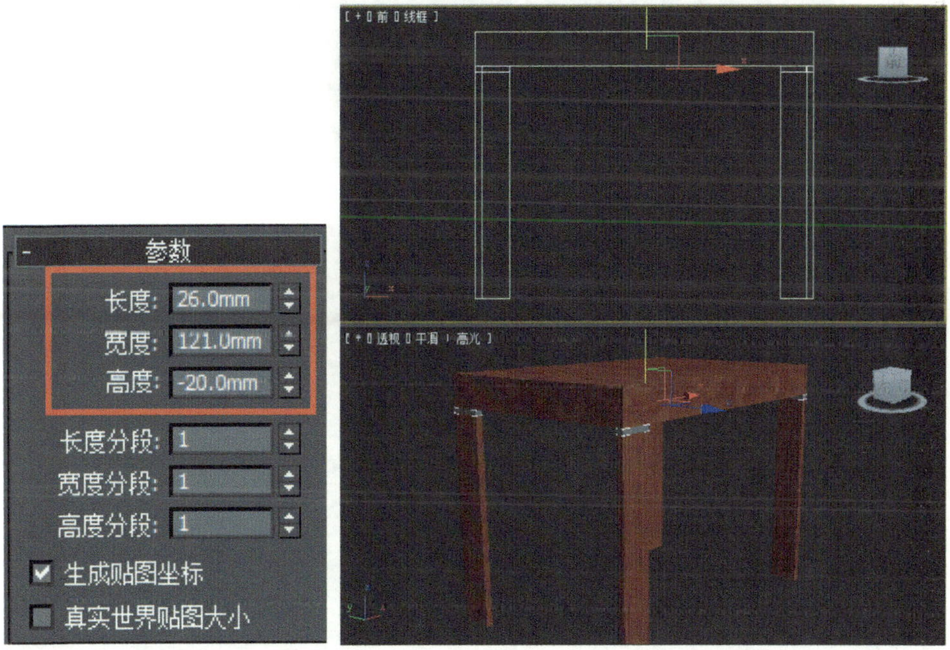

图 2-9　连接件参数及位置关系

左下角，如图 2-12 所示。

步骤 11 右键单击 （选择并移动）按钮，将餐椅的“挡板”在 X 轴和 Y 轴上分别偏移 25mm，步骤及结果如图 2-13 所示。

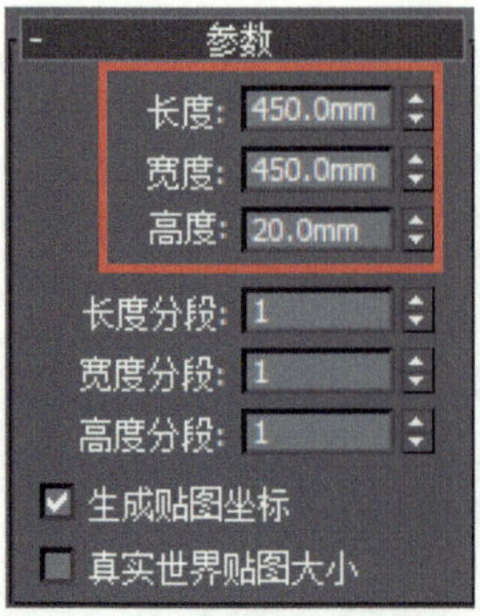

图 2-10 餐椅面的参数

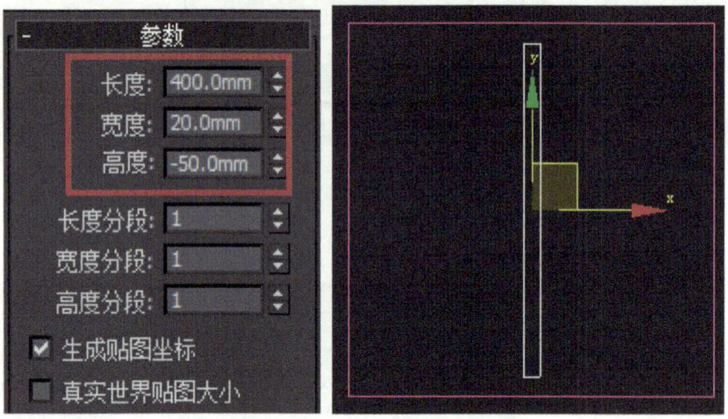

图 2-11 餐椅挡板的参数及效果

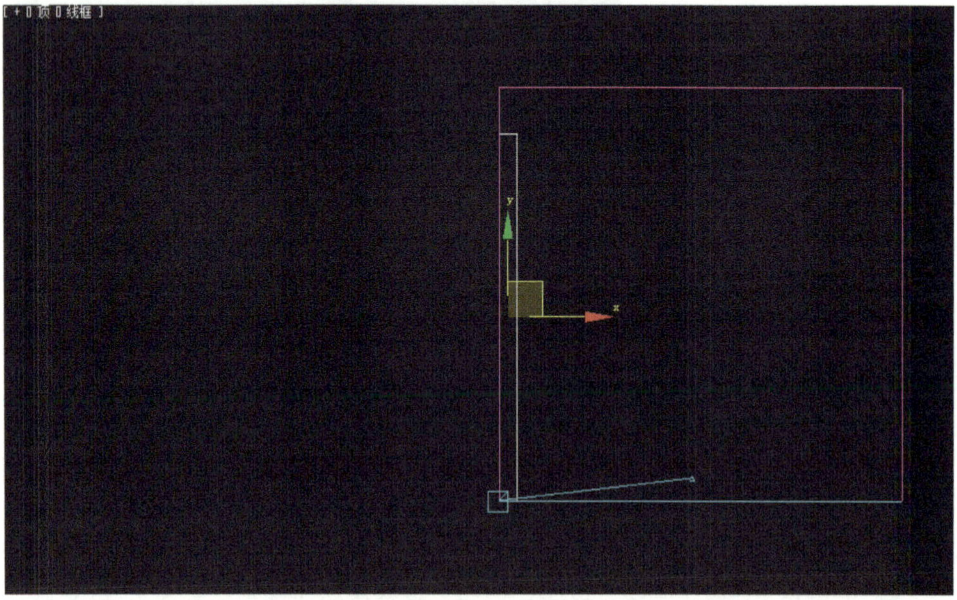

图 2-12 餐椅面与挡板的对应关系

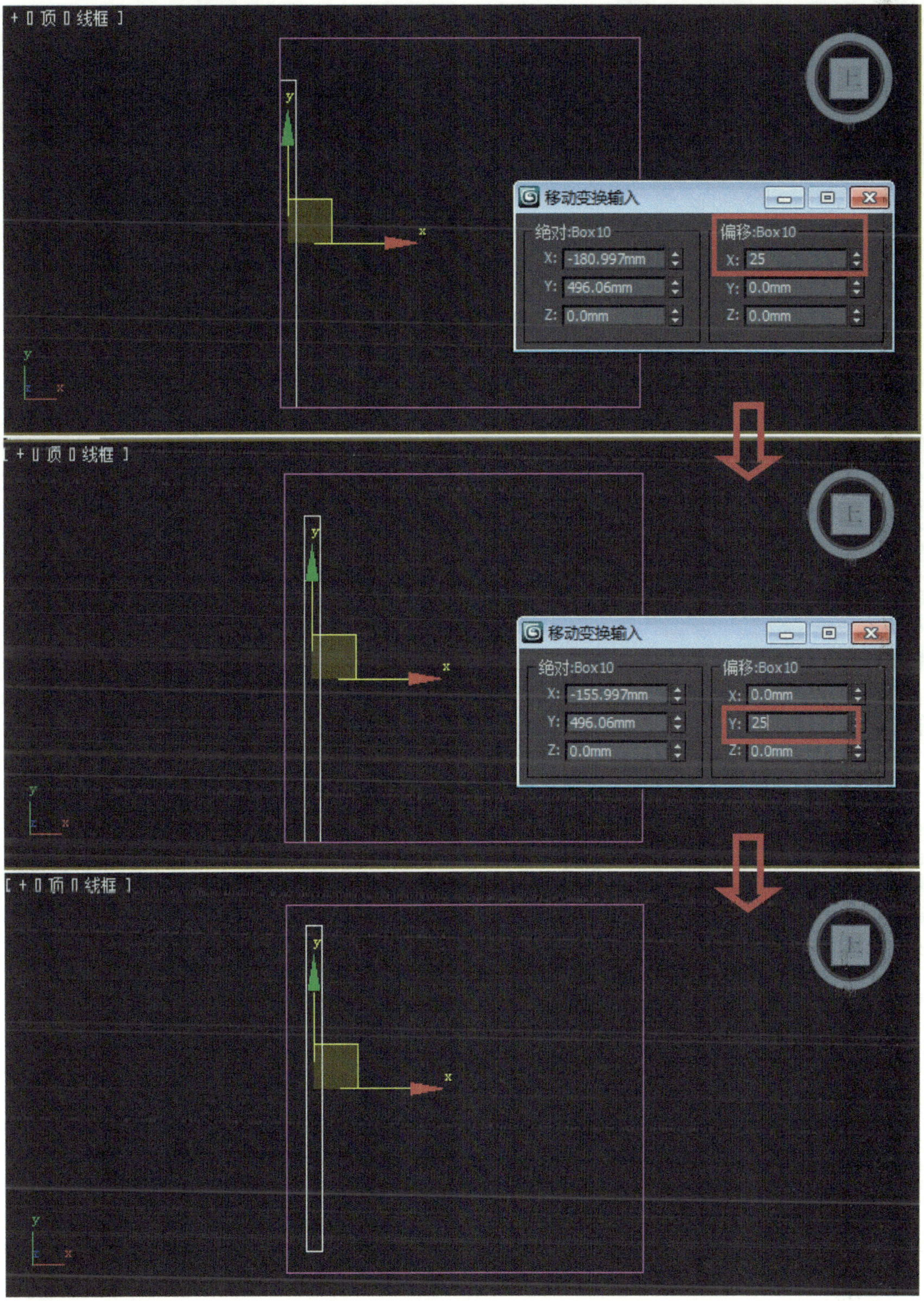

图 2-13　餐椅挡板偏移步骤及结果

步骤 12 鼠标左键按住（使用选择中心）按钮，向下移动到（使用变换坐标中心），选中餐椅“挡板”，拾取餐桌面作为变换坐标中心，将其沿镜像轴“X”轴实例复制得到右侧挡板，操作步骤及结果如图 2-14 所示。

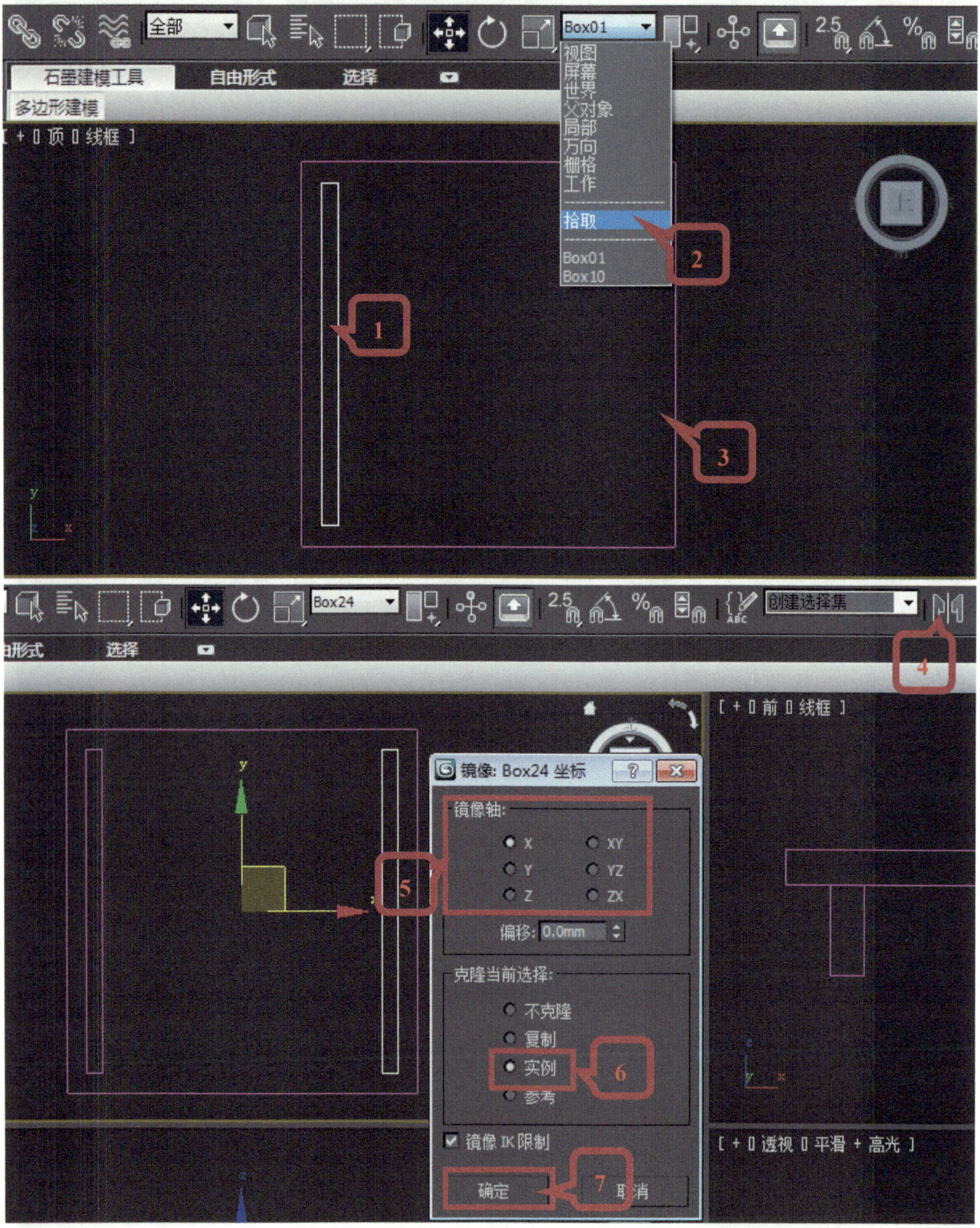

图 2-14　餐椅挡板镜像操作步骤及结果

步骤 13 同时选中 2 个挡板进行 90°旋转实例复制，得到另 2 个挡板，如图 2-15 所示。

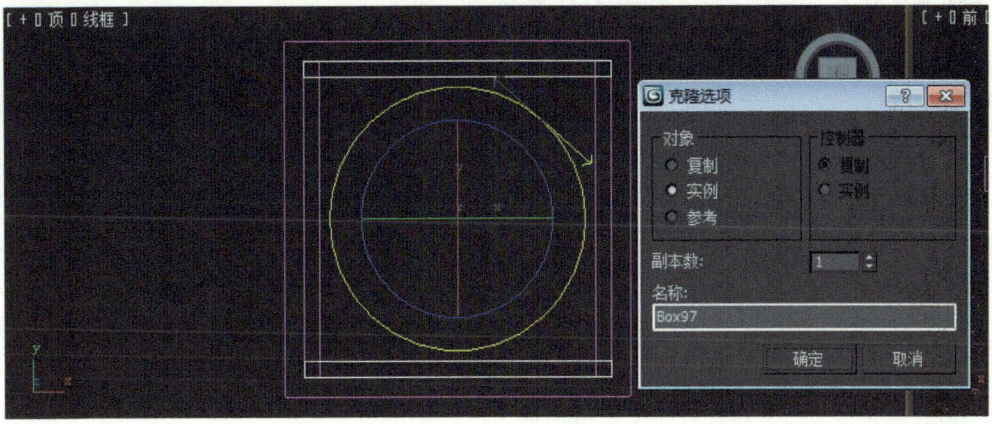

图 2-15　4 个挡板位置关系

步骤 14 在顶视图中，单击鼠标左键并拖动创建一个长方体，作为餐椅的“腿”，利用捕捉确定其位置，该餐椅腿参数及其位置如图 2-16 所示。

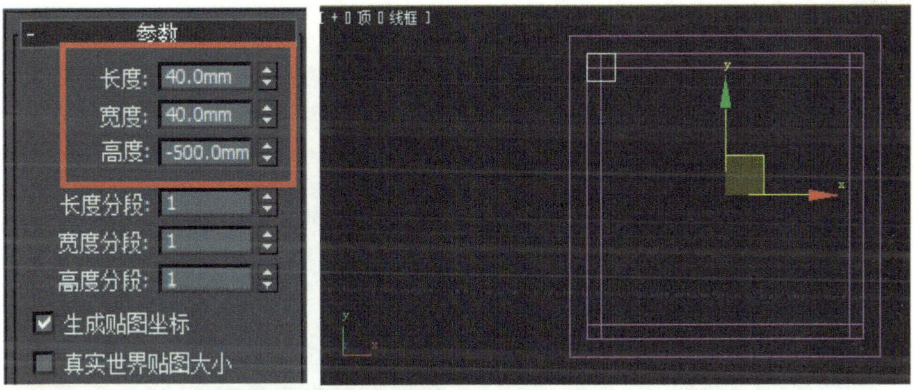

图 2-16　餐椅腿的参数及位置

步骤 15 按住键盘上的 <Shift> 键，利用端点捕捉实例复制另一个餐椅腿，如图 2-17 所示。

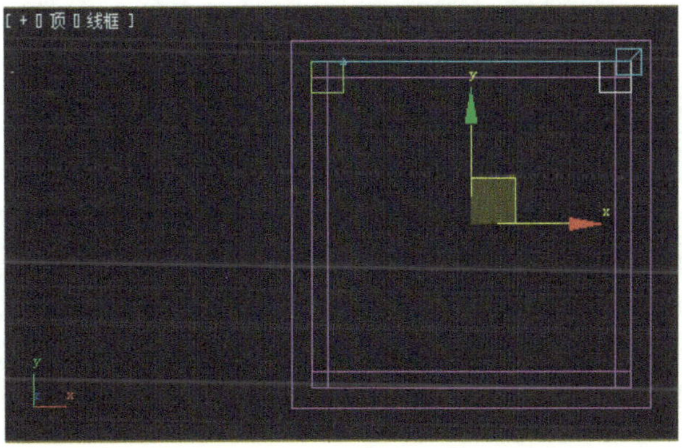

图 2-17　2 个餐椅腿位置关系

步骤 16 同时选中步骤 14 和步骤 15 创建的 2 个餐椅腿，按住键盘上的 <Shift> 键，利用端点捕捉复制另一组餐椅腿，如图 2-18 所示。

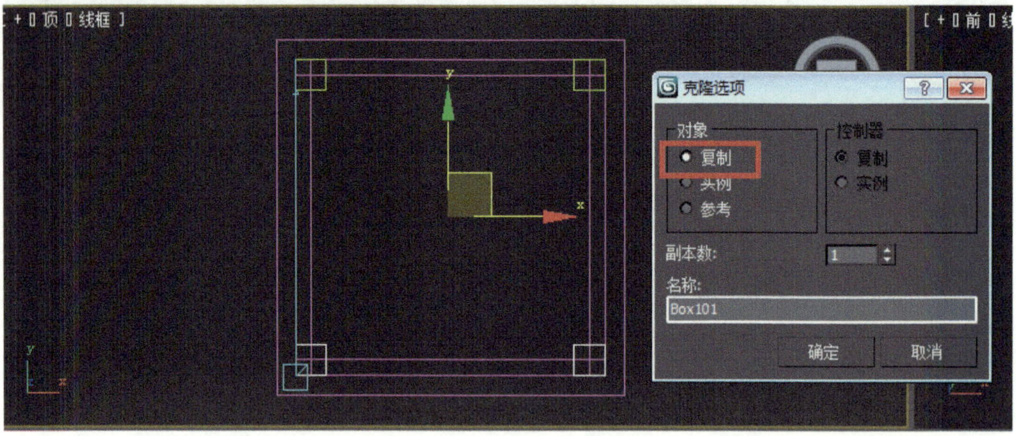

图 2-18　4 个餐椅腿的位置关系

步骤 17 利用“编辑网格”命令中的“顶点”子项将 2 个餐椅腿沿 Y 轴向上移动 600mm，过程及结果如图 2-19 所示。

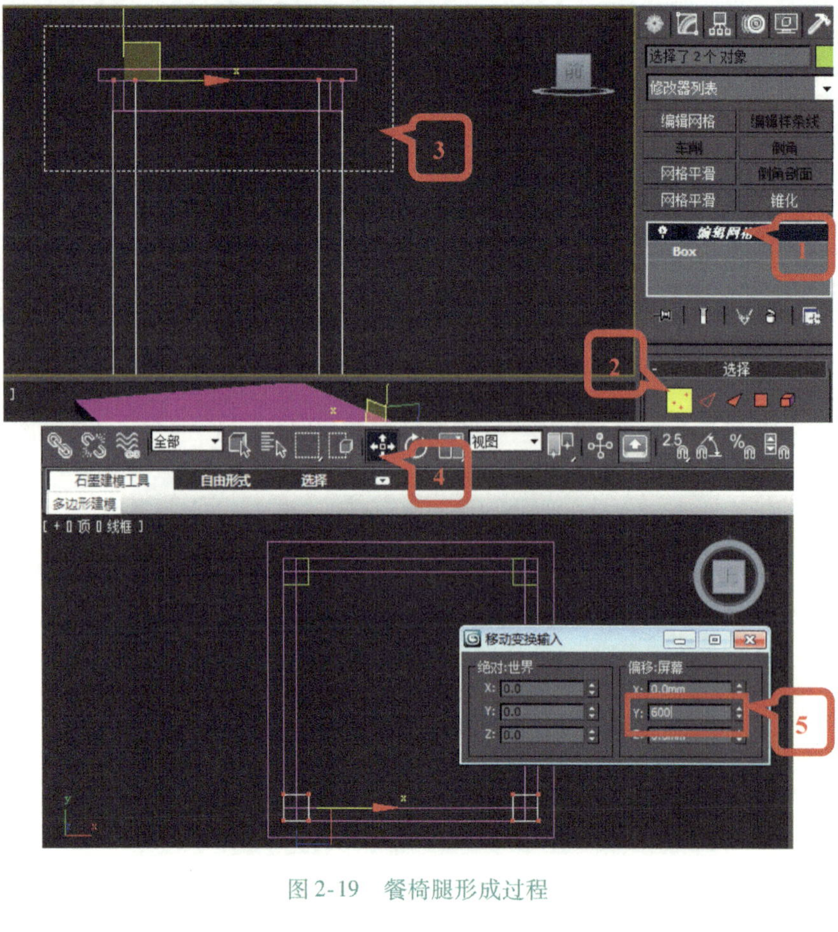

图 2-19　餐椅腿形成过程

步骤 18 在前视图中，单击鼠标左键并拖动创建一个长方体，作为餐椅的“横撑”，利用捕捉在各个视图中确定其位置，该横撑的参数及其位置如图 2-20 所示。

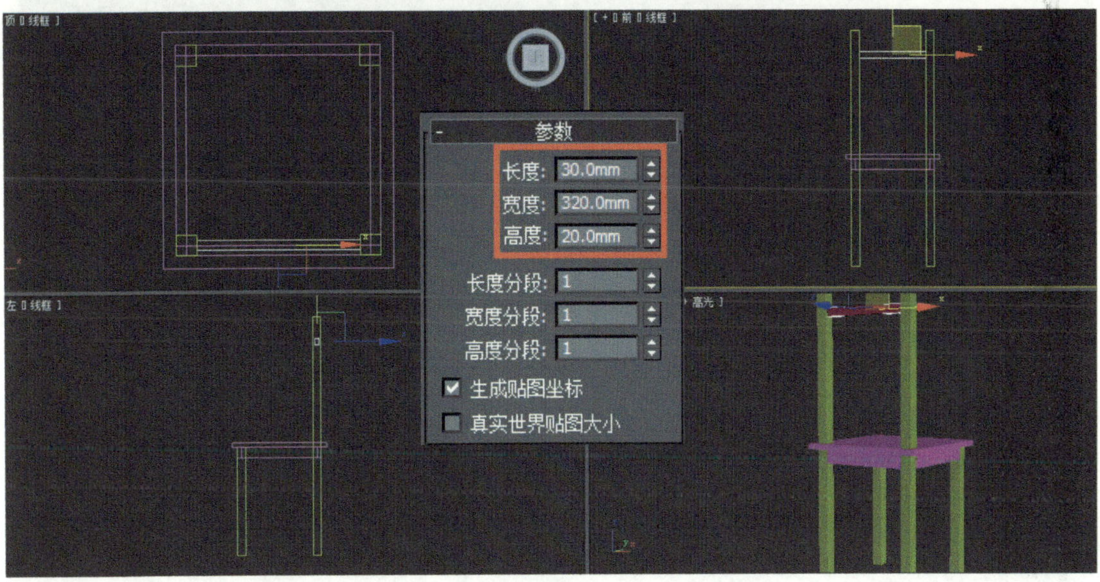

图 2-20　横撑的参数设置及位置关系

步骤 19 在前视图中单击鼠标左键并拖动创建一个长方体，作为餐椅的“竖撑”，利用捕捉在各个视图中确定其位置，该竖撑的参数及其位置如图 2-21 所示。

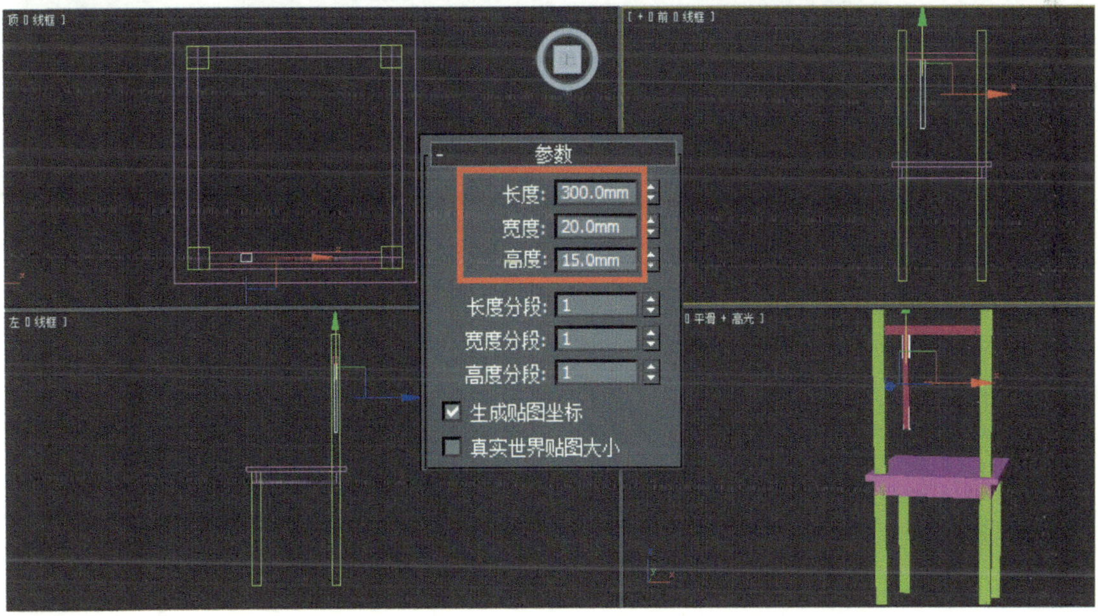

图 2-21　竖撑的参数设置及位置关系

步骤 20 在前视图中，将“竖撑”锁定 x 轴向右实例复制 2 个，然后将“横撑”锁定 y 轴向下实例复制 1 个，如图 2-22 所示。

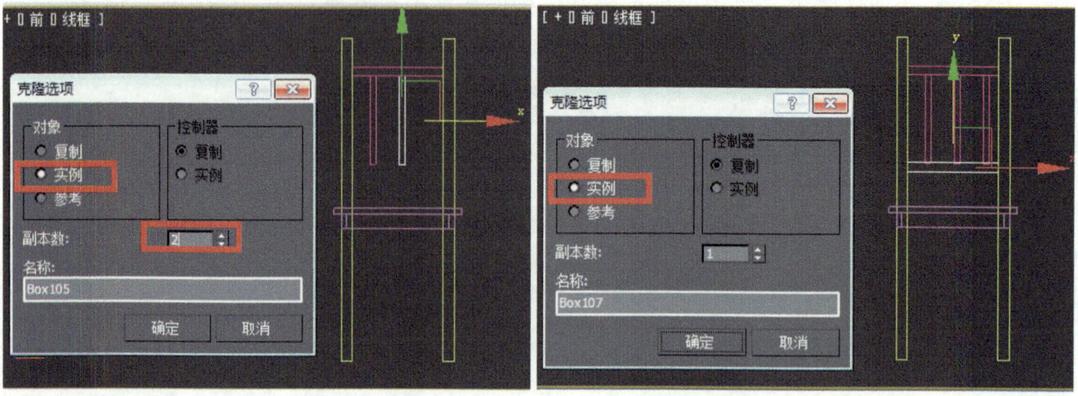

图 2-22　剩余横撑和竖撑的绘制过程

步骤 21 将餐椅赋餐桌相同的材质并成组，复制得到其他餐椅，效果如图 2-23 所示，单击菜单栏中的“文件”/“保存”命令，将该造型保存为“实例 2-1. max”文件。

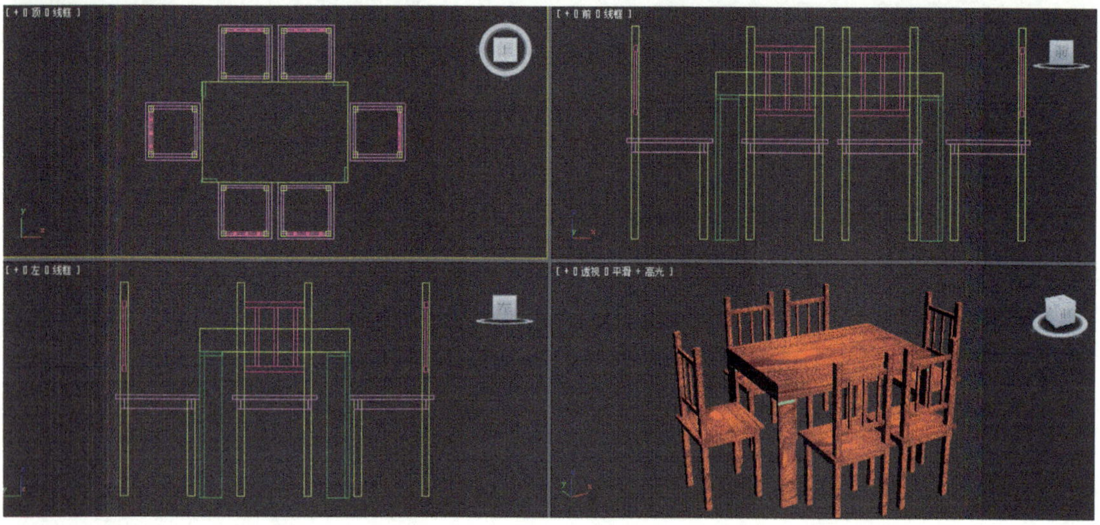

图 2-23　餐桌椅最终效果图

任务 2　显示器建模

任务描述：

本任务主要使用 3ds Max 标准基本体中的【管状体】、【圆锥体】、【球体】命令制作一个简易的显示器造型，目的是让读者对 3ds Max 有一个清晰的作图思路。显示器的最终效果如图 2-24 所示。

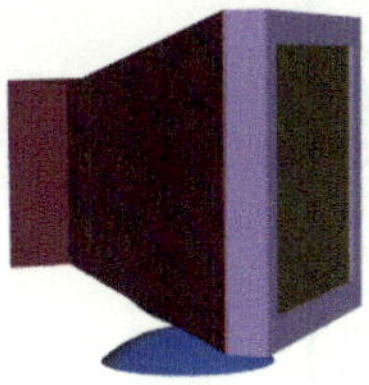

显示器建模

图 2-24 显示器的最终效果图

任务实施：

步骤 1 启动 3ds Max 软件，将单位设置为“毫米”。

步骤 2 单击（创建）/（几何体）/ 管状体 （管状体）按钮，在前视图中单击鼠标左键并拖动创建一个管状体，作为显示器的“外壳”，修改参数、效果如图 2-25 所示。

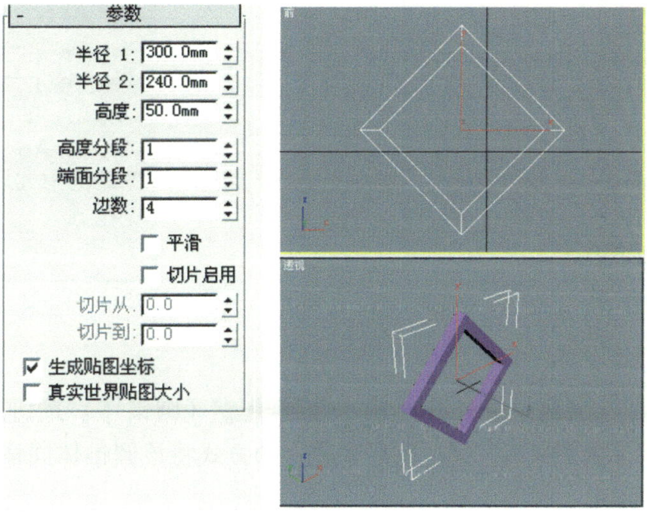

图 2-25 管状体的参数设置及效果图

步骤 3 激活前视图并选择步骤 2 创建的管状体，打开角度捕捉切换按钮，将鼠标光标放在该按钮上方，单击鼠标右键进行栅格和捕捉设置，将角度值改为“45°”，如图 2-26 所示，单击工具栏中的（选择并旋转）按钮，将该管状体进行旋转，如图 2-27 所示。

步骤 4 将工具栏中“捕捉开关”的改为，打开该捕捉开关按钮，将鼠标光标放在该按钮上方，单击鼠标右键，在弹出的“栅格和捕捉”设置对话框中，勾选“顶点”复选框，如图 2-28 所示。

步骤 5 在前视图中用捕捉方式创建一个长方体，作为显示器“屏幕”。长方体的大小就是捕捉的管状体的内部大小，将高度设为“45”，如图 2-29 所示。

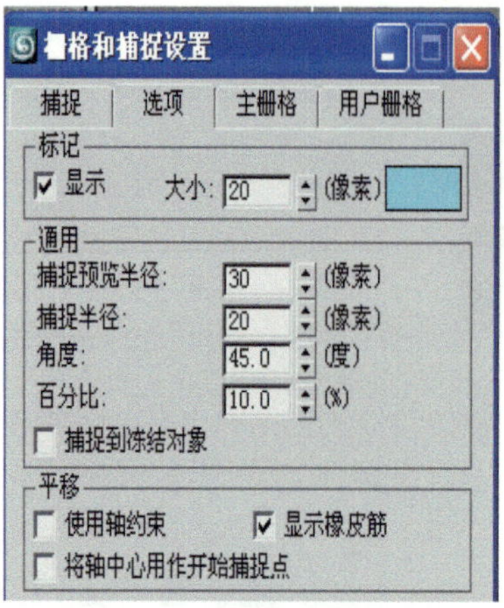

图 2-26　栅格和捕捉设置

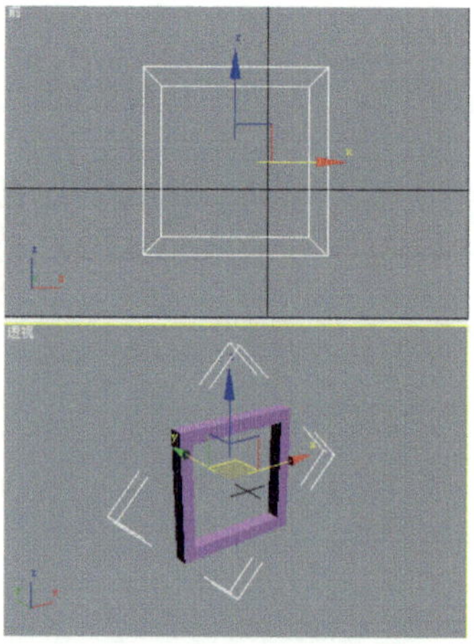

图 2-27　旋转后的最终效果

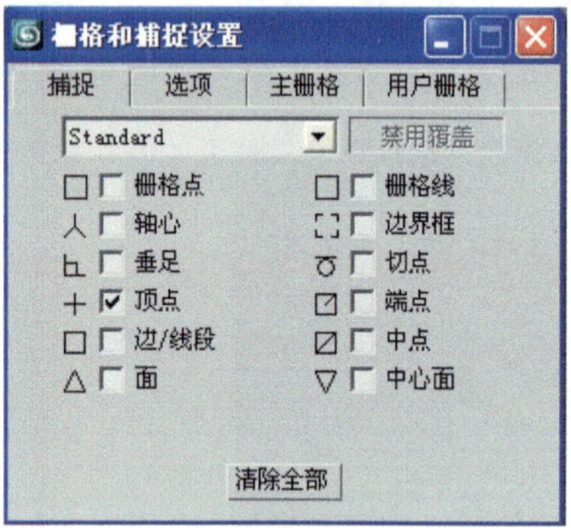

图 2-28　栅格和捕捉设置

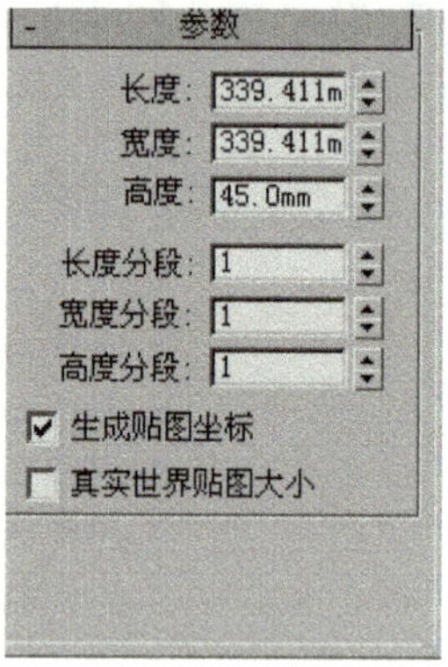

图 2-29　屏幕的各个参数

步骤 6　单击（创建）/（几何体）/ 圆锥体 （圆锥体）按钮，在前视图中创建一个圆锥体，作为显示器的“后壳”，按照步骤 3 的方式将该圆锥体同样也旋转 45°，形态及参数如图 2-30 所示。

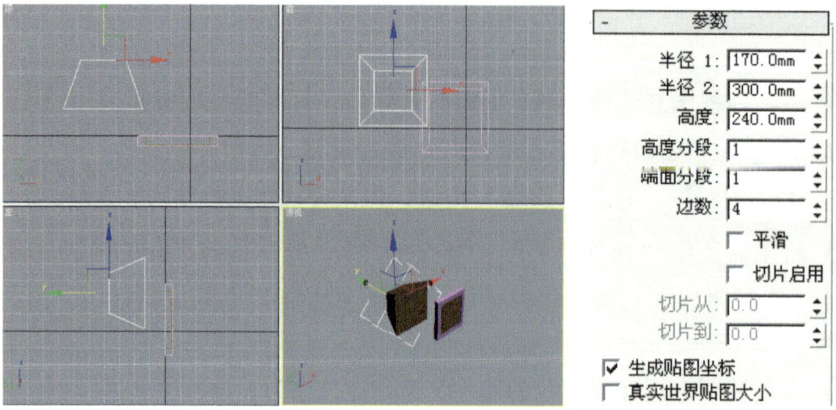

图 2-30　圆锥体的形态及参数（1）

步骤 7 在各个视图中将步骤 2 和步骤 6 创建的显示器“外壳”与显示器的“后壳”进行对齐，效果如图 2-31 所示。

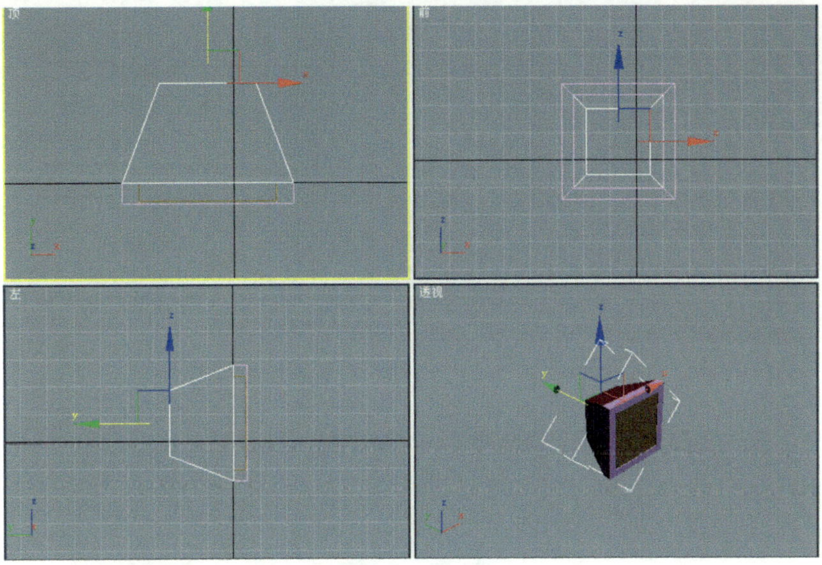

图 2-31　对齐后的圆锥体与管状体

步骤 8 将圆锥体原地复制一个并修改参数，打开捕捉开关，将其移动到后面，位置及参数如图 2-32 所示。

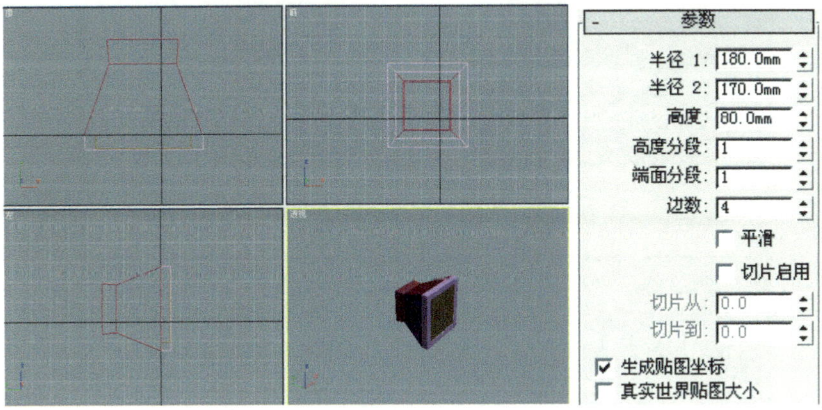

图 2-32　圆锥体的形态及参数（2）

步骤 9 单击（创建）/（几何体）/ 球体 （球体）按钮，在顶视图中单击鼠标并拖动创建一个球体，作为显示器“底座”，修改其参数，并在各个视图中进行移动对齐操作，位置及参数设置如图 2-33 所示。

步骤 10 激活左视图，单击工具栏上的（镜像）按钮，在弹出的“镜像”对话框中设置参数，如图 2-34 所示。

步骤 11 使用工具栏中的（选择并旋转）按钮对镜像后的半球进行旋转，效果如图 2-35 所示。

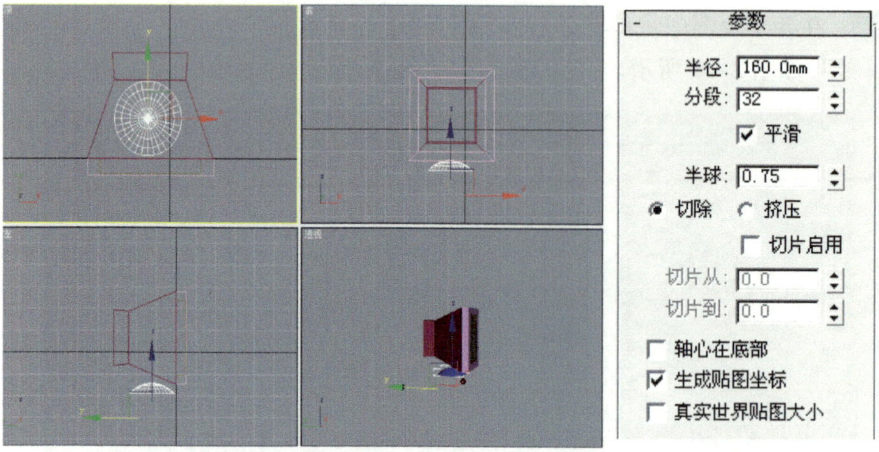

图 2-33 球体的形态、参数及位置

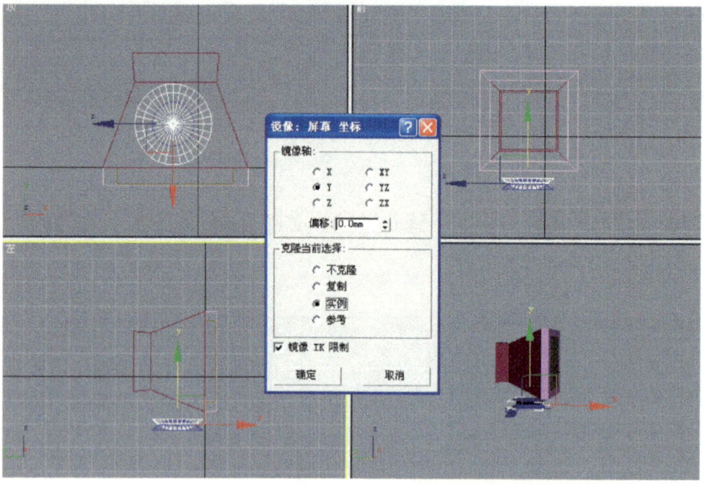

图 2-34 镜像对话框及镜像后效果

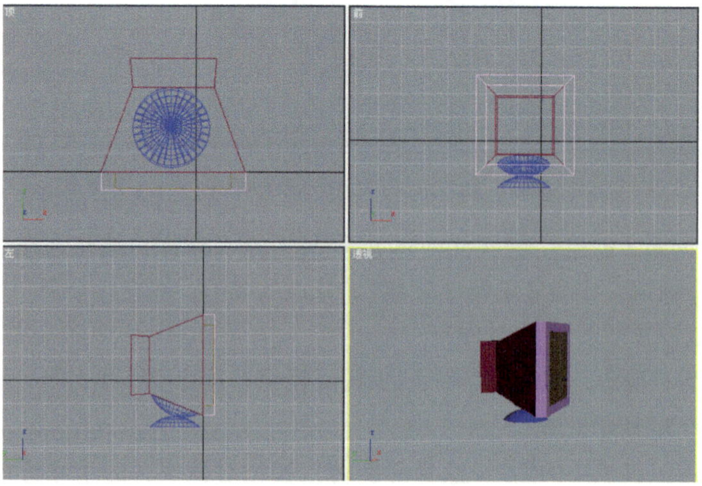

图 2-35 半球旋转后的最终效果

步骤 12 按下键盘上的 <Ctrl + S> 键，将制作的显示器造型保存为“实例 2-2. max”。

任务 3 时尚地灯建模

任务描述：

本任务主要使用 3ds Max 标准基本体中的【圆锥体】、【圆柱体】、【球体】命令制作一个现代的时尚地灯造型，同时对半球参数进行调整。时尚地灯的最终效果如图 2-36 所示。

图 2-36 时尚地灯的最终效果图

时尚地灯建模

任务实施：

步骤 1 启动 3ds Max 软件，将单位设置为“毫米”。

步骤 2 单击（创建）/（几何体）/ 圆锥体 （圆锥体）按钮，在顶视图中单击鼠标左键并拖动创建一个圆锥体，作为地灯的“灯座”，修改参数，单击视图控制区中的（所有视图最大化显示）按钮，形态及参数如图 2-37 所示。

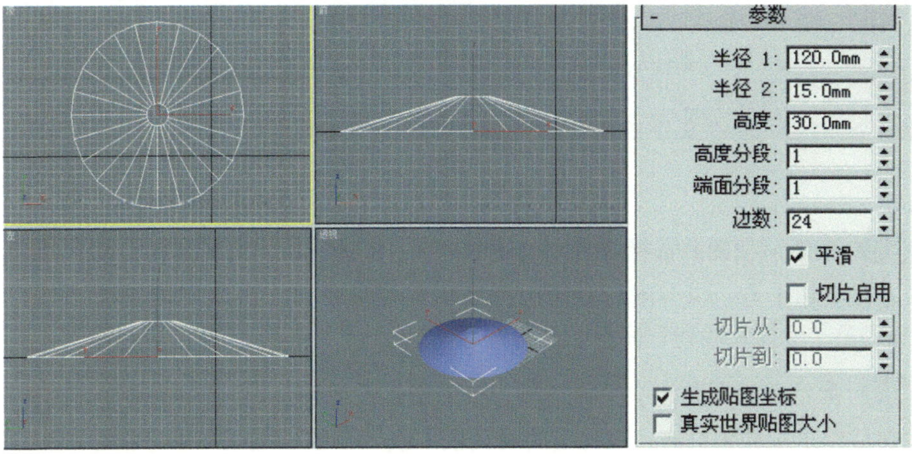

图 2-37 圆锥体地灯底座在各个视图中的形态及参数

步骤 3 单击（创建）/（几何体）/ 圆柱体 （圆柱体）按钮，在顶视图中单击鼠标左键并拖动创建一个圆柱体，作为地灯的“灯杆”，修改参数，单击视图控制区中的（所有视图最大化显示）按钮，在顶视图中将“灯杆”与“灯座”进行 x 轴与 y 轴对齐操作，最终形态及参数如图 2-38 所示。

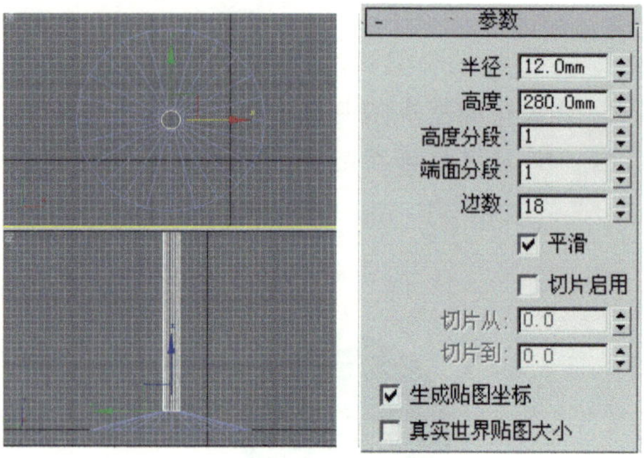

图 2-38　圆柱体灯杆的形态及参数

步骤 4 单击（创建）/（几何体）/ 球体 （球体）按钮，在左视图中单击鼠标左键并拖动创建一个球体，作为地灯的“灯罩”，修改参数，单击视图控制区中的（所有视图最大化显示）按钮，该球体的形态及参数如图 2-39 所示。

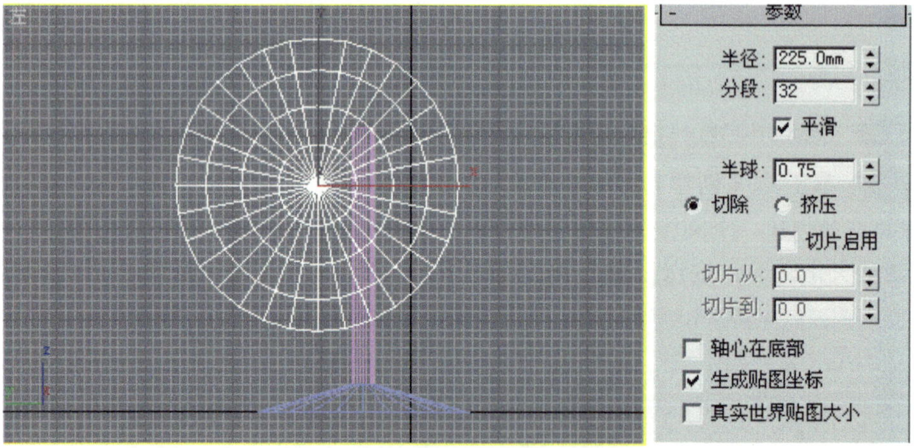

图 2-39　球体灯罩的形态及参数

步骤 5 激活前视图并选择步骤 4 创建的球体，打开（角度捕捉）切换按钮，将鼠标光标放在该按钮上方，单击鼠标右键进行栅格和捕捉设置，将角度值改为“45°”，单击工具栏中的（选择并旋转）按钮，将该球体进行旋转，如图 2-40 所示。

步骤 6 激活前视图并选中半球灯罩，单击工具栏的（对齐）按钮，在鼠标变为对齐命令按钮后单击圆柱体灯座，在弹出的对话框中设置参数，如图 2-41 所示。

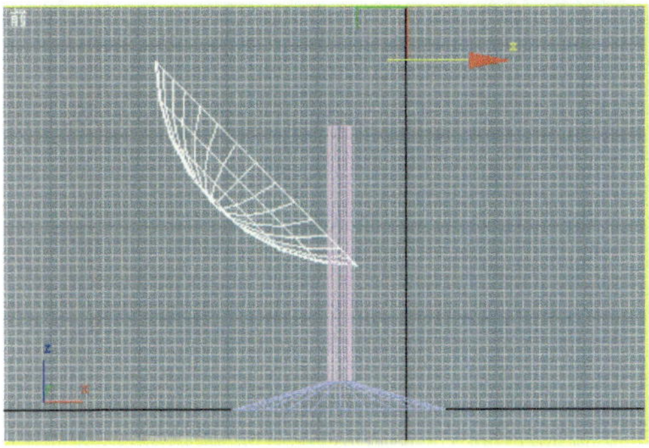

图 2-40　对灯罩球体进行旋转

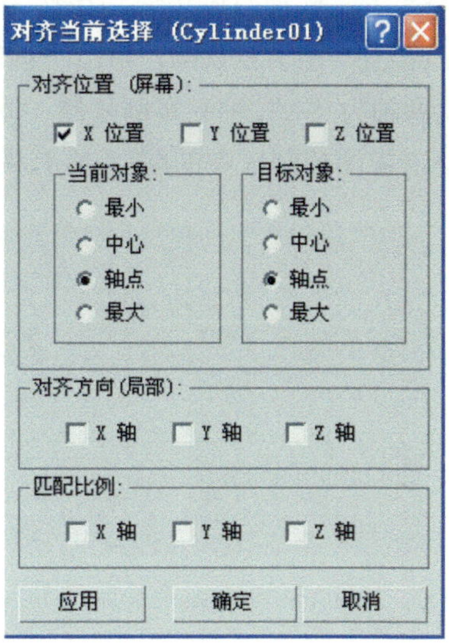

图 2-41　半球与圆柱体对齐参数

步骤 7 激活前视图并选中半球灯罩，单击工具栏上的（镜像）按钮，在弹出的“镜像”对话框中，设置镜像轴为“X”轴并实例复制，得到如图 2-42 所示的造型。

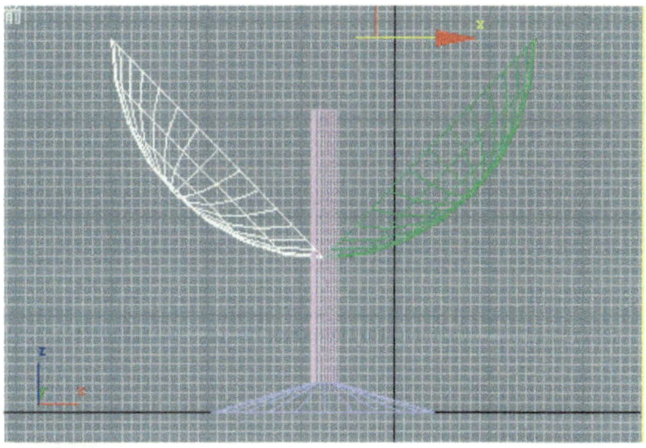

图 2-42　在 X 轴镜像得到两个半球

步骤 8 按住工具栏的（使用选择中心）按钮，选择（使用轴点中心），并在前视图中同时选中两个半球，单击工具栏上的（镜像）按钮，在弹出的“镜像”对话框中，设置镜像轴为“Y”轴并实例复制，然后单击视图控制区中的（所有视图最大化显示）按钮，得到如图 2-43 所示的造型。

步骤 9 激活顶视图，选中其中一个半球，按住 <Shift> 键实例复制一个半球，将其在顶视图中旋转 90°，其在左视图中的位置如图 2-44 所示。

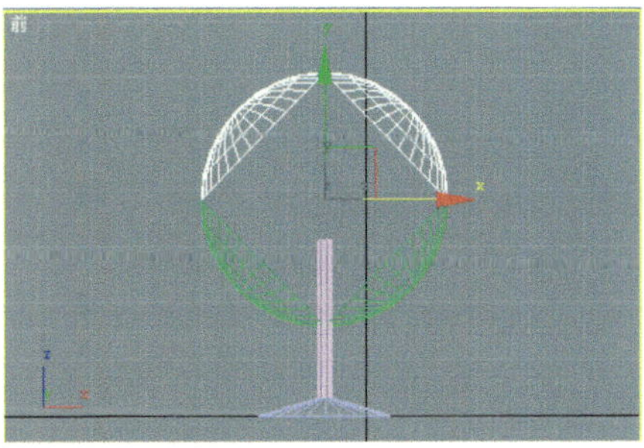

图 2-43　镜像得到的四个半球

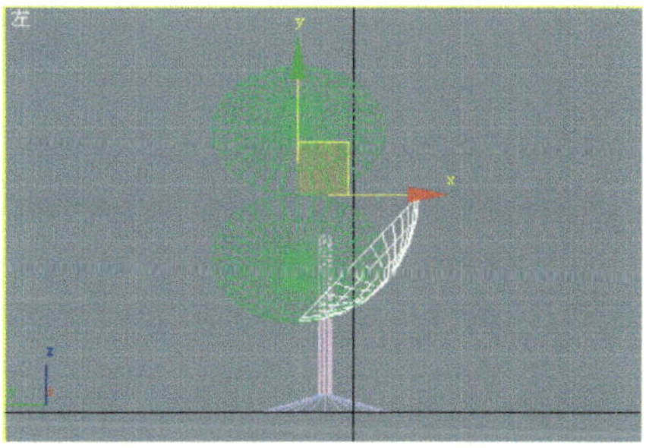

图 2-44　半球在顶视图中的位置

步骤 10 鼠标右键切换到左视图，将半球旋转 45°，形态如图 2-45 所示。

步骤 11 激活左视图，单击工具栏上的 （镜像）按钮，在弹出的“镜像”对话框中，设置镜像轴为“X”轴并实例复制，同时选中这 6 个半球，将其跟圆柱体进行 x 轴方向对齐，然后单击视图控制区中的 （所有视图最大化显示）按钮，得到如图 2-46 所示的造型。

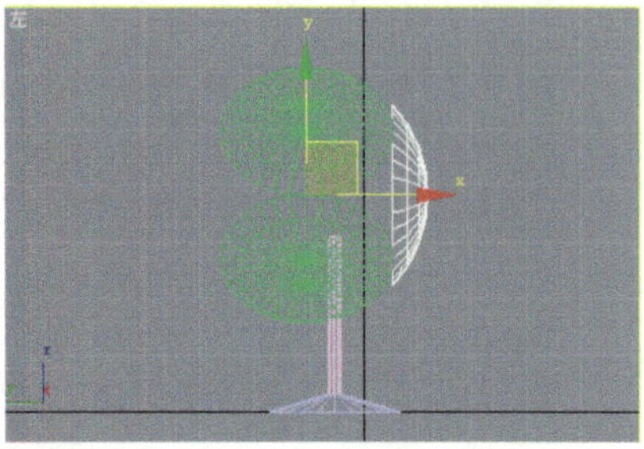

图 2-45　半球在左视图中的位置

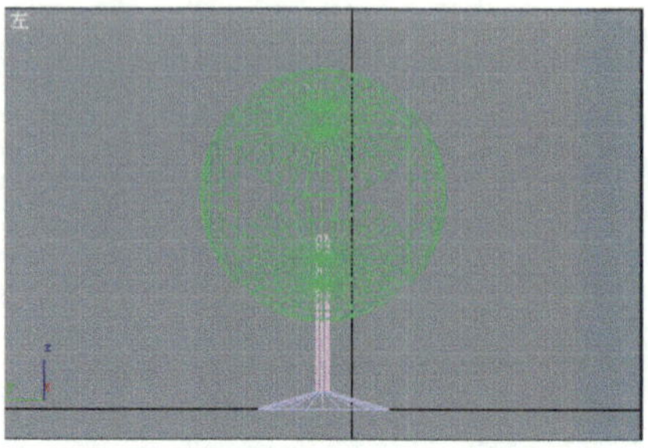

图 2-46　时尚地灯的对齐效果

步骤 12 按下键盘上的 <Ctrl + S> 键，将制作的时尚地灯造型保存为“实例 2-3. max”。

任务 4　五斗橱建模

任务描述：

本任务主要使用 3ds Max 标准基本体中的【长方体】、【圆环】、【球体】命令制作一个卧室的五斗橱造型，五斗橱的最终效果如图 2-47 所示。

五斗橱建模

图 2-47　五斗橱的最终效果图

任务实施：

步骤 1 启动 3ds Max 软件，将单位设置为“毫米”。

步骤 2 单击 （创建）/ （几何体）/ 长方体 （长方体）按钮，在前视图中单击鼠标左键并拖动创建一个长方体，作为五斗橱的“橱身”，修改各个参数，单击视图控制区中的（所有视图最大化显示）按钮，形态及参数如图 2-48 所示。

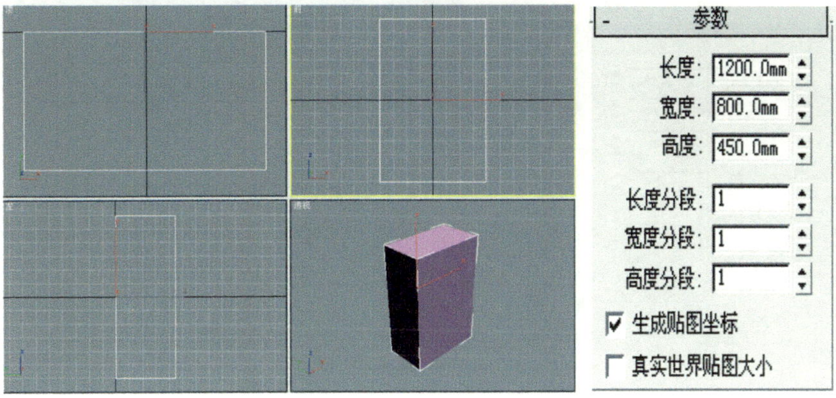

图 2-48　长方体橱身在各个视图中的形态及参数

步骤 3 按住 <Shift> 键原地复制一个长方体，单击工具栏（修改）按钮，将复制得到的长方体进行参数的修改，如图 2-49 所示；在前视图中，锁定 y 轴，将其移动到长方体橱身的最上方作为五斗橱的“顶板”，效果如图 2-50 所示。

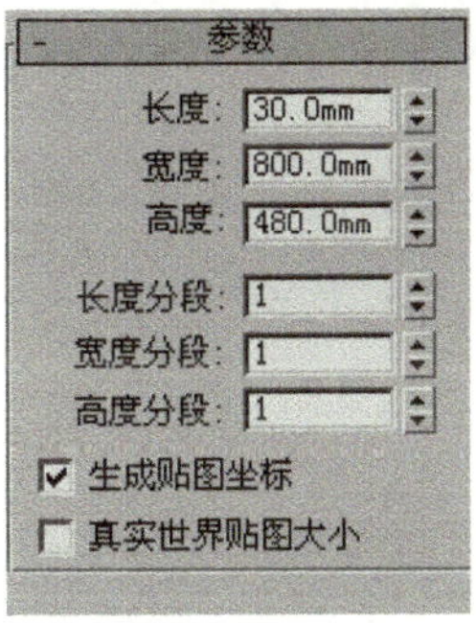

图 2-49　顶板的参数

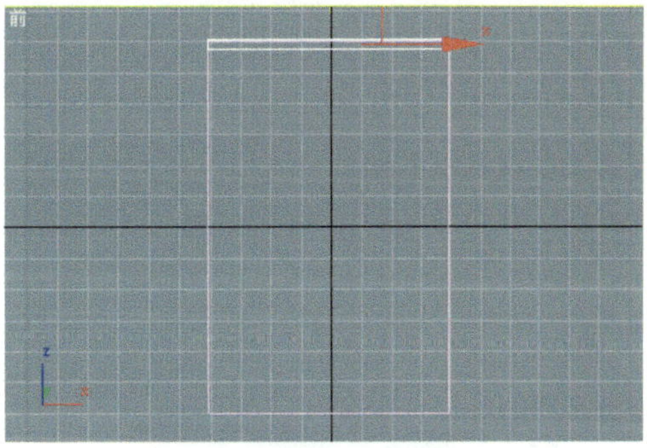

图 2-50　两个长方体所对应的位置关系

步骤 4 在前视图中，按住 <Shift> 键原地复制一个长方体作为五斗橱的“抽屉”，单击工具栏（修改），将复制得到的长方体进行参数的修改，如图 2-51 所示。

步骤 5 将工具栏中“捕捉开关”的改为，打开该捕捉开关按钮，将鼠标光标放在该按钮上方，单击鼠标右键，在弹出的“栅格和捕捉设置”对话框中，勾选“端点”复选框，如图 2-52 所示。

步骤 6 激活左视图，将五斗橱“抽屉”的端点捕捉移动到“橱身”的端点上，得到如图 2-53 所示的效果。

步骤 7 激活前视图并选中步骤 4 创建的长方体“抽屉”，单击工具栏（选择并移动）按钮，同时，在该按钮上单击鼠标右键，在弹出的“移动变换输入”对话框中将“Y”偏移设置为“100”，如图 2-54 所示，我们选中的长方体“抽屉”就会在 y 轴上向上移动 100mm，效果如图 2-55 所示。

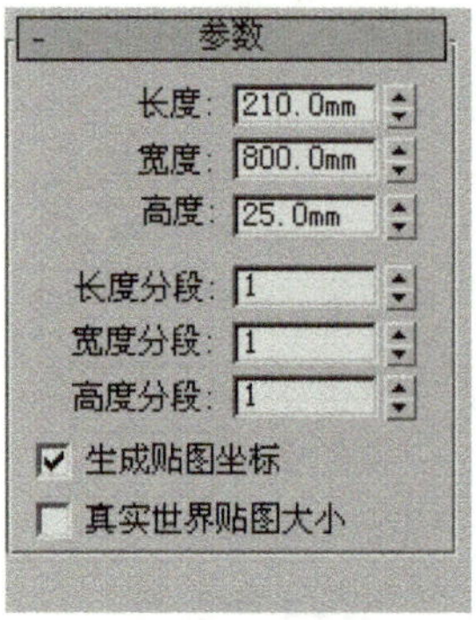

图 2-51　抽屉的参数

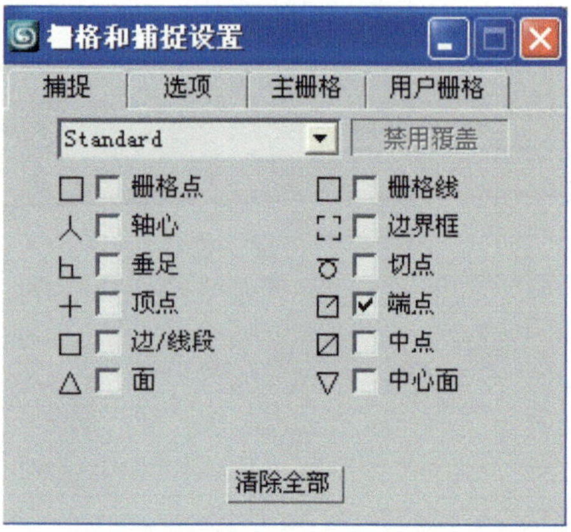

图 2-52　“栅格和捕捉设置”对话框

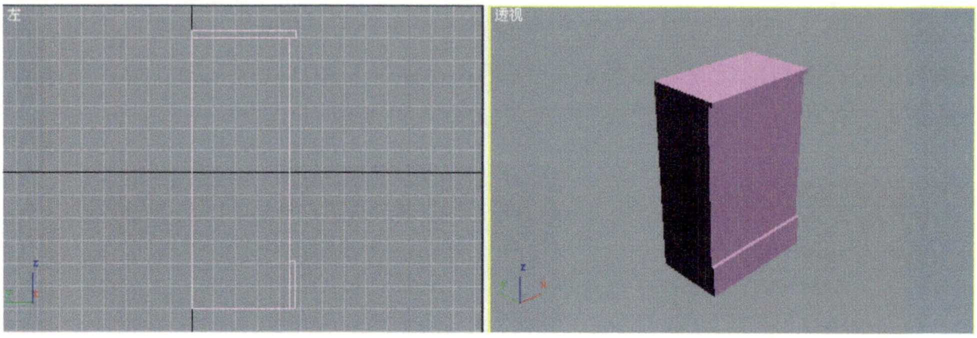

图 2-53　五斗橱“橱身”与“抽屉”的对应关系

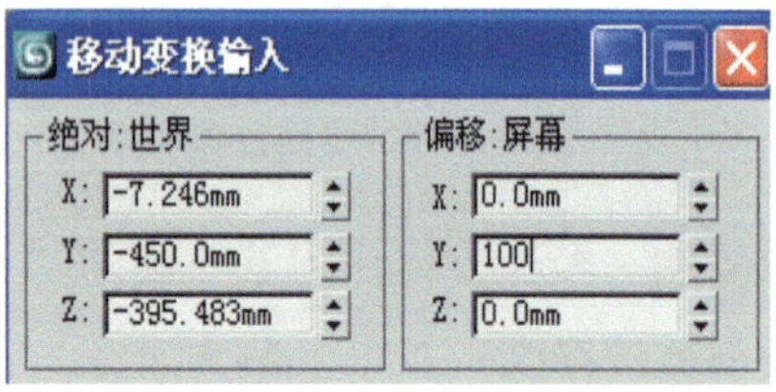

图 2-54　“移动变换输入”对话框

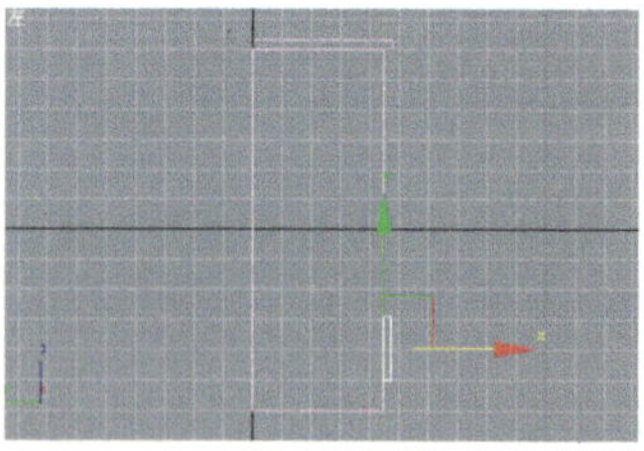

图 2-55　长方体移动后的效果

步骤 8　激活前视图，按下 < Alt + W > 键，将前视图最大化显示。单击 （创建）/ （几何体）/ 圆环 （圆环）按钮，在前视图中单击鼠标左键并拖动创建一个圆环，作为五斗橱“抽屉”的“把手”，修改各个参数，单击视图控制区中的 （所有视图最大化显示）按钮，参数设置如图 2-56 所示，将其放到合适的位置。

步骤 9　激活前视图，按下 < Alt + W > 键，将前视图最大化显示。单击 （创建）/ （几何体）/ 球体 （球体）按钮，在前视图中单击鼠标左键并拖动创建一个球体，作为五斗橱“抽屉”的“把手钉”，修改各个参数，单击视图控制区中的 （所有视图最大化显示）按钮，参数设置如图 2-57 所示，将其在各个视图中放到合适的位置，如

图 2-58 所示。

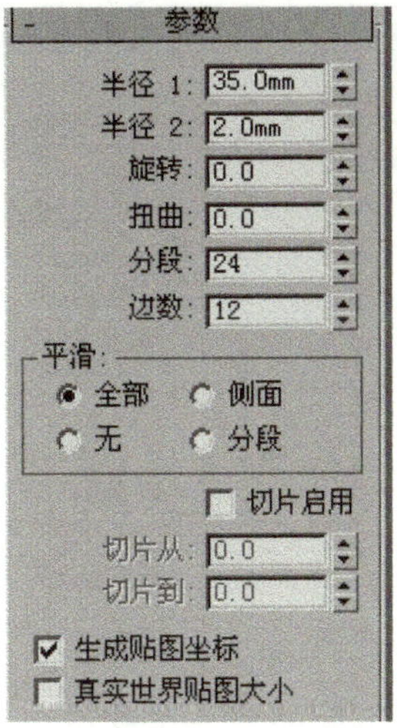

图 2-56　圆环参数

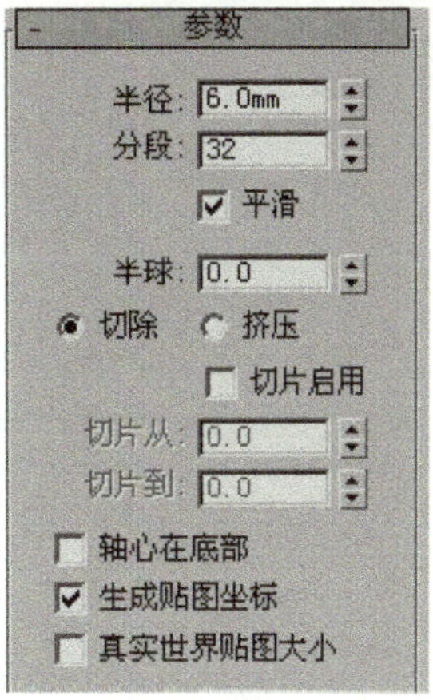

图 2-57　球体参数

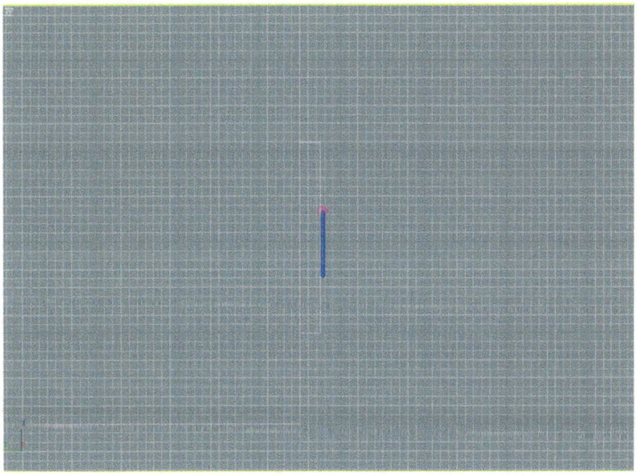

图 2-58　球与圆环的位置关系

步骤 10 激活前视图，按下 < Alt + W > 键，将前视图最大化显示。同时选中圆环和球，按住 < Shift > 在锁定 x 轴的基础上向右实例复制一组圆环，放到与其对称的位置，如图 2-59 所示。

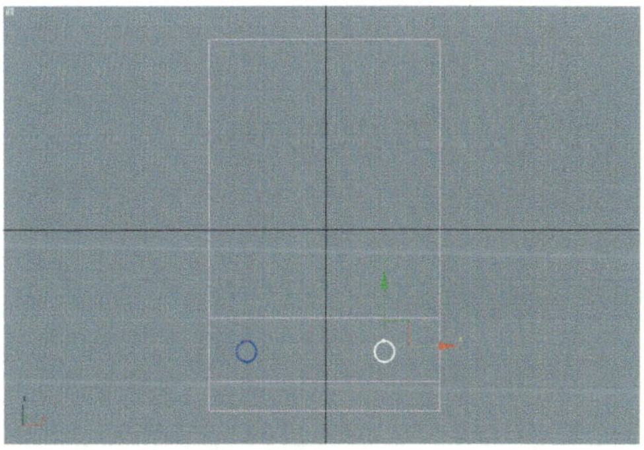

图 2-59　两组抽屉拉手的相对应位置关系

步骤 11 将鼠标放到工具栏上，当鼠标变为形状时单击鼠标右键，选择（附加）工具条，激活前视图并选中抽屉，在“附加”工具中找到（阵列）命令，单击鼠标左键，弹出“阵列”对话框，如图 2-60 所示。

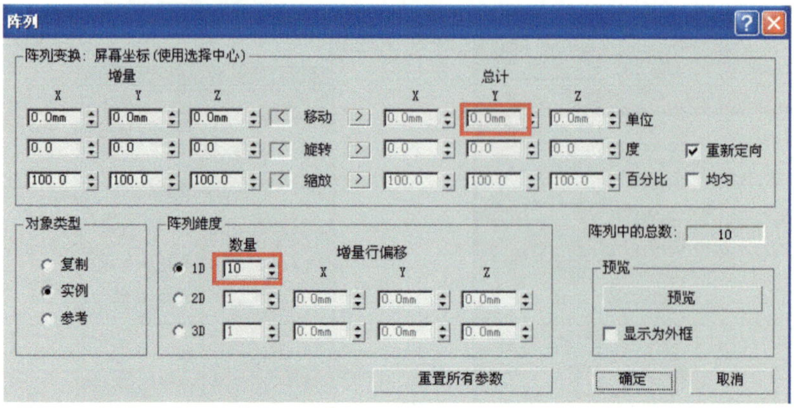

图 2-60 “阵列”对话框

步骤 12 单击最上方移动后面的 > 按钮，将 Y 下面的总计位移设为“1100”，阵列维度中的数量设为“5”，点击“确定”按钮，得到如图 2-61 所示。

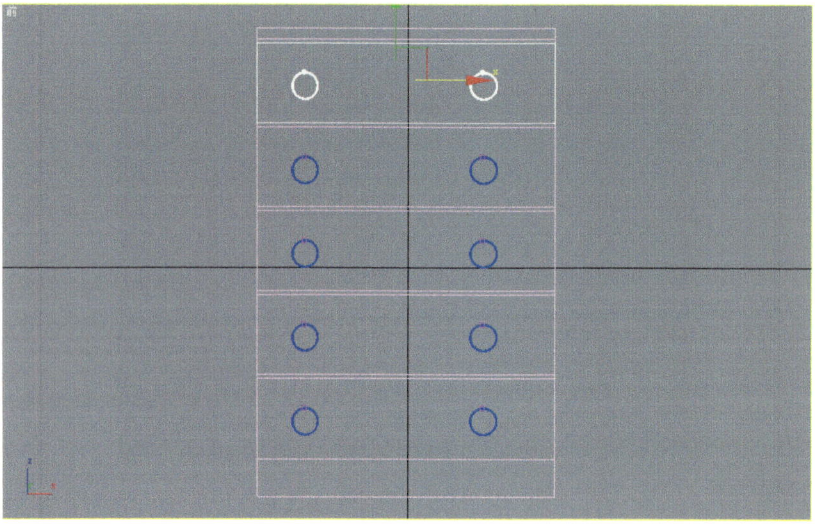

图 2-61 阵列之后的五斗橱

步骤 13 按下键盘上的 <Ctrl + S> 键，将制作的五斗橱造型保存为“实例 2-4. max”。

任务 5 手串建模

任务描述：

本任务主要使用 3ds Max 标准基本体中的【圆环】、【球体】、【阵列】命令制作一个环形手串造型，手串的最终效果如图 2-62 所示。

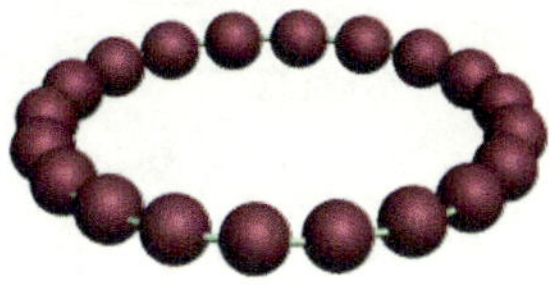

手串建模

图 2-62　手串的最终效果图

任务实施：

步骤 1 启动 3ds Max 软件，将单位设置为“毫米”。

步骤 2 单击（创建）/（几何体）/ 圆环 （圆环）按钮，在顶视图中单击鼠标左键并拖动创建一个圆环，作为手串的“环形链子”，修改各个参数，单击视图控制区中的（所有视图最大化显示）按钮，形态及参数如图 2-63 所示。

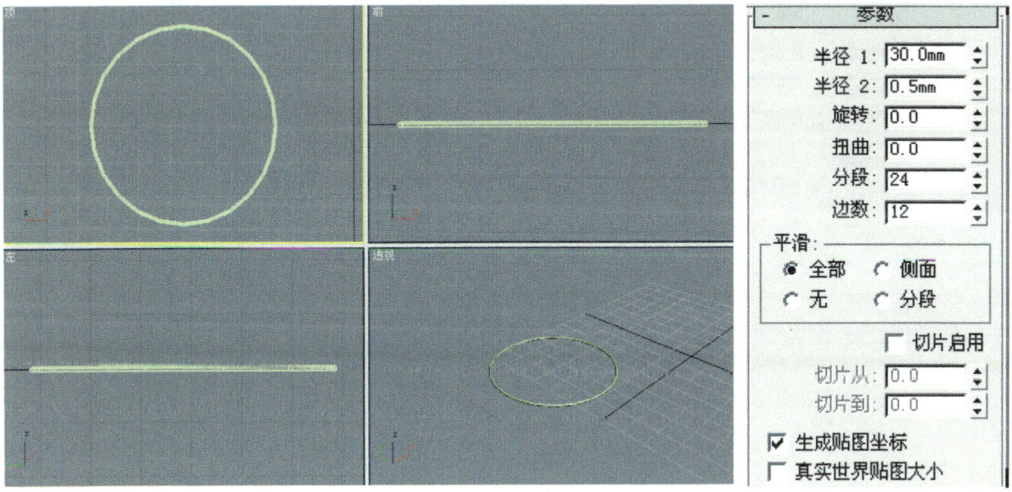

图 2-63　“环形链子”在各个视图中的形态及参数

步骤 3 单击（创建）/（几何体）/ 球体 （球体）按钮，在顶视图中单击鼠标左键并拖动创建一个球体，作为手串的“珠子”，修改各个参数，单击视图控制区中的（所有视图最大化显示）按钮，将其与圆环在 x 轴上对齐，两者相对位置及参数如图 2-64 所示。

步骤 4 激活顶视图，选择创建的球体，鼠标左键单击工具栏上的 视图 （参考坐标系）下拉栏，选取“拾取”选项，如图 2-65 所示。然后在顶视图中单击作为旋转中心的对象，即圆环，鼠标左键按住（使用轴点中心）激活（使用变换坐标中心）命令，松开鼠标左键，单击工具栏上的（阵列）命令，在相应的轴上设置参数，如图 2-66 所示，单击确定按钮即可。

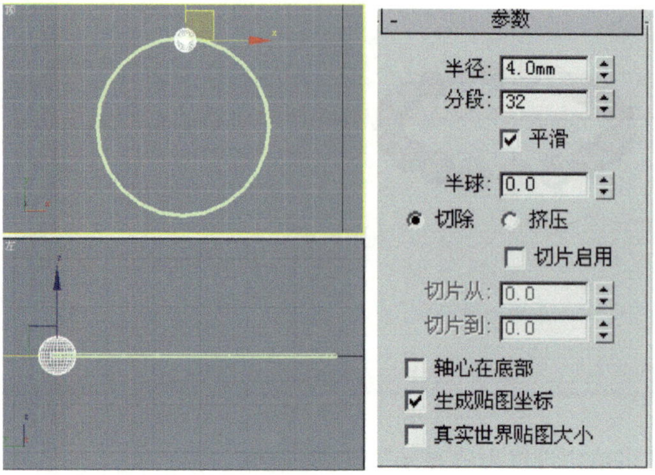

图 2-64　圆环与球体的相对应位置及球体的参数设置

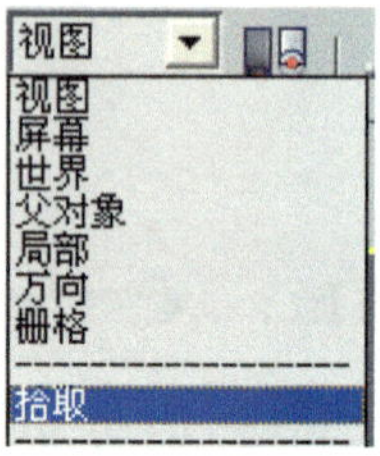

图 2-65　参考坐标系

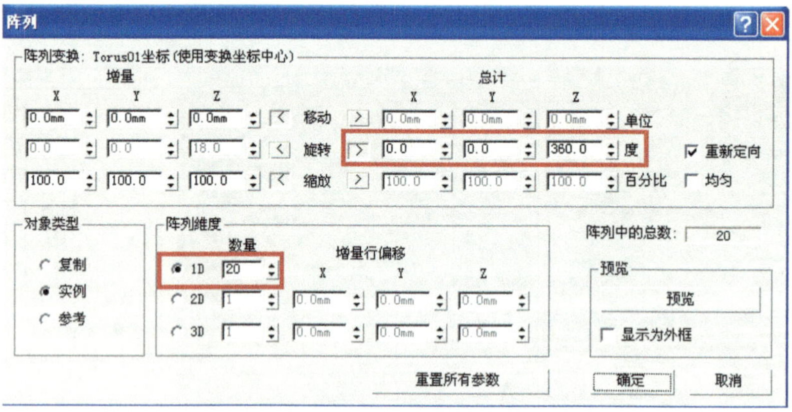

图 2-66　阵列参数的设置

温馨小提示：

“重新定向”选项可以保持旋转对象的方向不变，如果要制作时钟的数字阵列就要取消“重定向”选项的勾选。

步骤 5　按下键盘上的 <Ctrl + S> 键，将制作的手串造型保存为“实例 2-5. max”。

【项目总结】

利用 3ds Max 软件创建基本模型类似于用积木搭建不同模型，主要是利用软件提供的各种标准基本体、扩展基本体建立模型的基本结构，再对其进行适当的修改，直至最后建好所需模型。本项目主要掌握运用标准基本体和扩展基本体创建基础模型。

【素养提升】

中国榜样

张桂梅（图 2-67）于 2021 年 2 月 17 日被评为“感动中国 2020 年度人物”；2 月 25 日，荣获“全国脱贫攻坚楷模”荣誉称号；6 月 29 日，被党中央授予“七一勋章”并在“七一勋章”颁授仪式上发言。2021 年 8 月，参与综艺《朗读者》第三季。2021 年 11 月，获“全国道德模范”荣誉称号。

图 2-67　张桂梅与她的学生们

张桂梅是云南省丽江市华坪女子高级中学党支部书记、校长。她致力于教育扶贫，扎根边疆教育一线 40 余年，推动创建了中国第一所公办免费女子高中，2008 年建校以来帮助 1800 多名女孩走出大山、走进大学。张桂梅身患多种疾病，但她拖着病体坚守三尺讲台，用爱心和智慧点亮万千乡村女孩的人生梦想。

这就是中国故事，我们要有民族自豪感，为生在这个伟大的时代、伟大的国家而骄傲。

项目三 二维建模

【项目概述】

我们做的室内外效果图大部分是无法通过基础建模实现的，大都是先创建二维线形，然后添加相应的修改命令来完成的，所以，3ds Max 软件的二维线形在效果图的建模中起着非常重要的作用，并且二维线形在室内外效果图的制作过程中也是使用频率最高的一部分内容，本项目通过几个简单常见的模型来进行二维线形的操作。

【学习目标】

通过本项目对铁艺扶手建模、果盘与苹果建模、窗户建模、天花板建模、实木镶板门建模、吧台与吧台凳建模、水杯建模、花瓶建模、射灯建模、床与床头柜建模的学习与实践，应达到以下目标：

1. 熟练掌握二维线形的【顶点】、【线段】、【样条线】级别的修改。
2. 掌握【挤出】、【放样】、【倒角】、【弯曲】、【布尔】、【FFD 长方体】、【倒角剖面】等修改命令将二维图形转换为三维模型的过程。
3. 养成积极进取、肯干实干、敢于创新、勇克难题的职业精神。

任务 1 铁艺扶手建模

任务描述：

本任务通过制作一个简单的铁艺扶手造型，来学习【线】的修改，以及调整【渲染】卷展栏下的参数，让线形产生一个厚度。铁艺扶手的最终效果如图 3-1 所示。

任务实施：

步骤 1 启动 3ds Max 软件，将单位设置为“毫米”。

步骤 2 激活前视图，单击 （创建）/ （图形）/ 线 （线）按钮，打开 + 键盘输入 选项，单击 添加点 按钮，将坐标原点加入，然后在 x 轴方向上输入“4500”，再次单击 添加点 按钮，从而得到一条 x 轴方向上长度为“4500”的直线，单击视

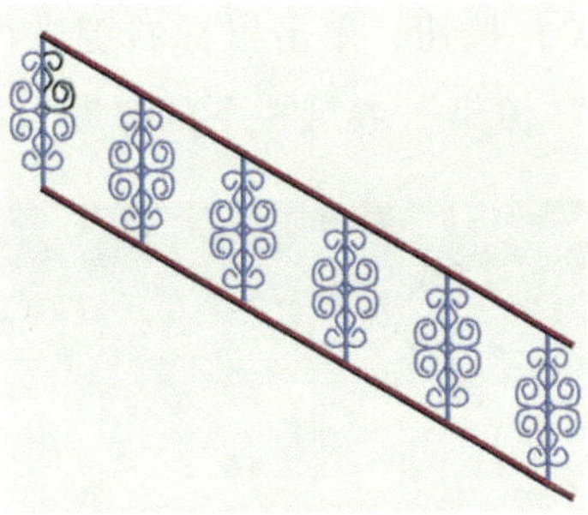

图 3-1　铁艺扶手的最终效果图

铁艺扶手建模

图控制区中的（所有视图最大化显示）按钮。

步骤 3 单击（修改）按钮，进入修改面板，勾选“渲染”卷展栏下的“在渲染中启用”和“在视口中启用”复选框，设置厚度为“50”。

步骤 4 单击工具栏上（角度捕捉切换）按钮，单击鼠标右键进行角度设置，设置角度为“30°”，并将步骤 2 中创建的直线在前视图中旋转 30°，同时按住 <Shift> 键进行实例复制，如图 3-2 所示。

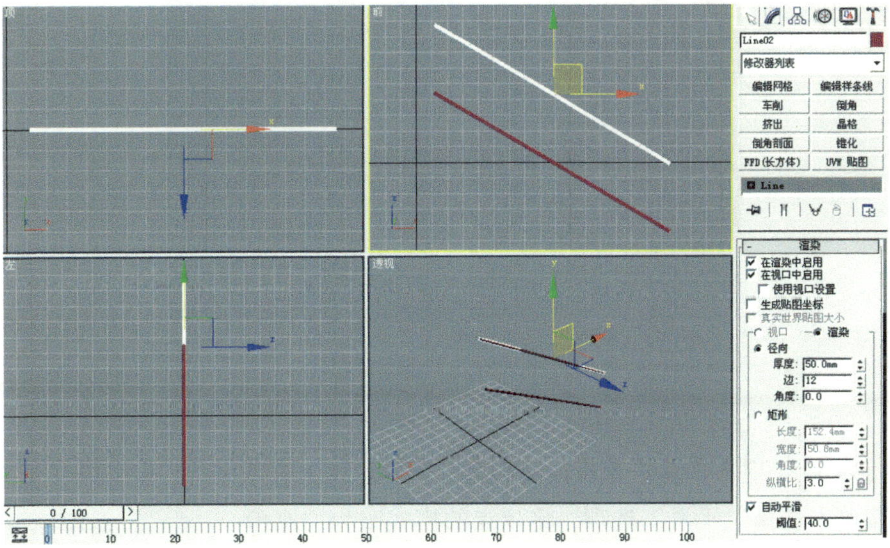

图 3-2　绘制的线形及参数设置

步骤 5 激活前视图，选中其中一条直线，右键单击（选择并移动）按钮，偏移后效果如图 3-2 所示。

温馨小提示：

在默认状态下，二维图形在渲染时是看不见的，必须勾选“渲染”卷展栏下的“在渲染中启用”复选框，二维图形才可以在渲染时显示出来，调整“厚度”的数值大小可以改变线形的粗细，勾选“在视口中启用”复选框，可以在视图中直接观察到渲染时的粗细。

步骤 6 单击（捕捉开关）按钮，单击鼠标右键进行设置，勾选“端点”复选框，在前视图中绘制立式线形，设置“渲染”卷展栏下的厚度为“30”，如图 3-3 所示。

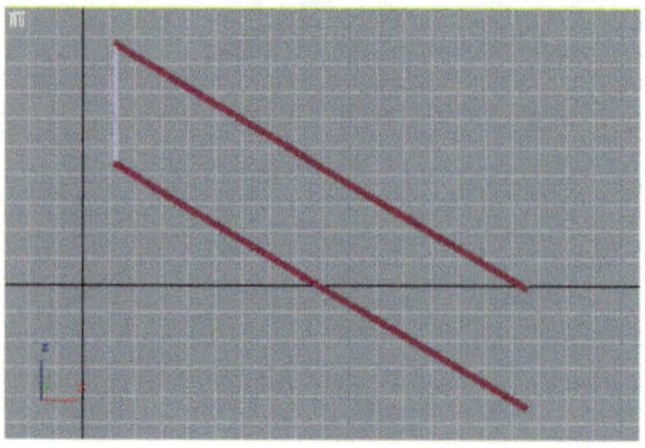

图 3-3　绘制的立式线形

步骤 7 单击（创建）/（图形）/矩形（矩形）按钮，在前视图中单击鼠标左键并拖动创建一个合适的矩形，单击（创建）/（图形）/线（线）按钮，在矩形框内任意画一个铁艺花的初始造型，如图 3-4a 所示。

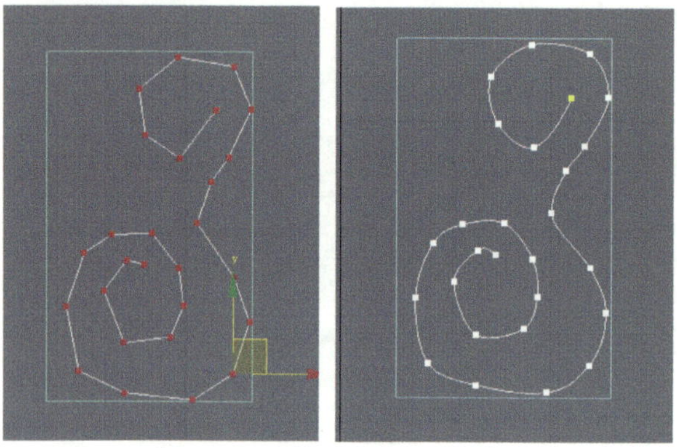

a)　　b)

图 3-4　铁艺花造型

a）铁艺花造型　b）修改后的铁艺花造型

步骤 8 单击（顶点）按钮，进入顶点层级，选中所有顶点，单击鼠标右键，在弹出的快捷菜单中选择“平滑”选项，将顶点的模式改为“平滑模式”，调整合适的顶点为“Bezier”角点或“Bezier”点，从而得到过渡平滑的线形，效果如图 3-4b 所示。

步骤 9 删除该辅助矩形，设置“渲染”卷展栏下的厚度为“20”，单击（镜像）按钮，在弹出的“镜像：屏幕坐标”对话框中，选择“X”轴为镜像轴，并选择“实例”选项，单击“确定”按钮即可，同理，同时选中两个铁艺花造型，再沿 y 轴镜像一组，效果如图 3-5 所示。

图 3-5　铁艺花造型

步骤 10 将整个造型移动，与立式线形组成铁艺扶手的铁艺花饰，单击（捕捉开关）按钮，单击鼠标右键进行设置，勾选“边”/“线段”复选框，按住 Shift 键沿着楼梯移动复制合适的组，得到最终的楼梯扶手。

步骤 11 按下键盘上的 <Ctrl + S> 键，将制作的铁艺扶手造型保存为“实例 3-1. max”。

任务 2 果盘与苹果建模

任务描述：

本任务通过制作一个简单的果盘与苹果造型，来学习使用【线】命令绘制剖面线，然后使用【车削】、【锥化】命令生成三维模型进行渲染输出。果盘与苹果的最终效果如图 3-6 所示。

图 3-6 果盘与苹果的最终效果图

果盘和苹果建模

任务实施：

步骤 1 启动 3ds Max 软件，将单位设置为“毫米”。

步骤 2 单击（修改）/（配置修改器集）按钮，勾选“显示按钮”选项，同时，在“配置修改器集”选项上单击鼠标左键，弹出“配置修改器集”对话框，将修改器中的“编辑网格”“编辑样条线”“车削”“倒角”“挤出”“晶格”“弯曲”“锥化”“FFD（长方体）”“UVW 贴图”命令拖到修改按钮上。

步骤 3 单击（创建）/（图形）/ 矩形 （矩形）按钮，在前视图中单击鼠标左键并拖动创建一个长度为“40”、宽度为“160”的矩形，作为果盘“剖面线”的辅助矩形。

步骤 4 单击（创建）/（图形）/ 线 （线）按钮，在辅助矩形框内绘制果盘“剖面线”，如图 3-7 所示。

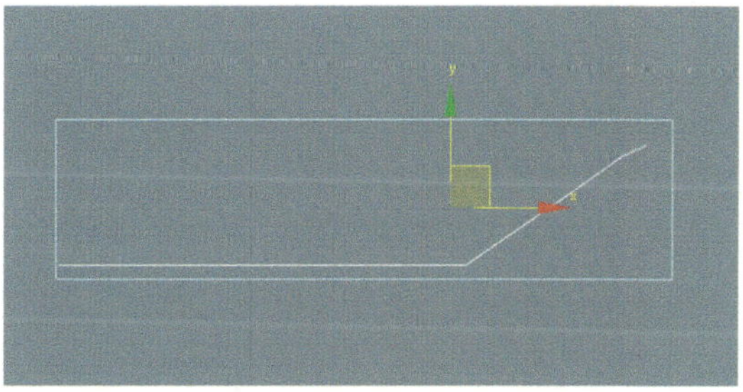

图 3-7 绘制的果盘剖面线

温馨小提示：

按住 <Shift> 键可以画一条水平线或垂直线。

步骤 5 删除辅助矩形，单击（修改）按钮，选中果盘“剖面线”，进入（样条线）层级，在 几何体 （几何体）选项下单击 轮廓 （轮廓），将轮廓值改为“2.5”，如图 3-8 所示。

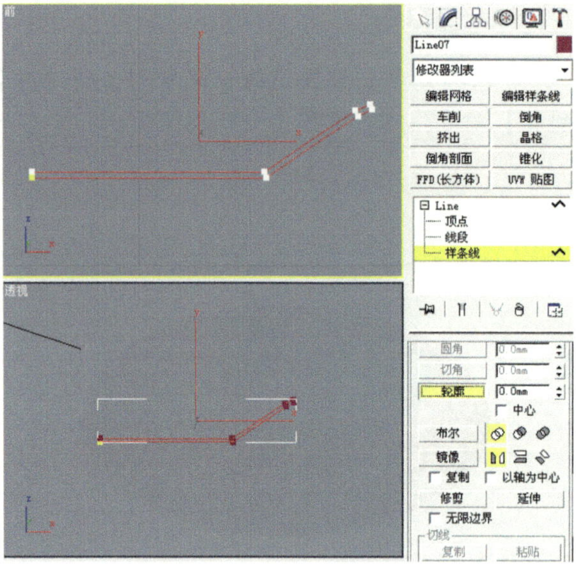

图 3-8　添加轮廓后的效果

步骤 6 进入（顶点）层级，同时选择右侧的 6 个顶点，单击鼠标右键，将其设置为“平滑点”，如图 3-9 所示。

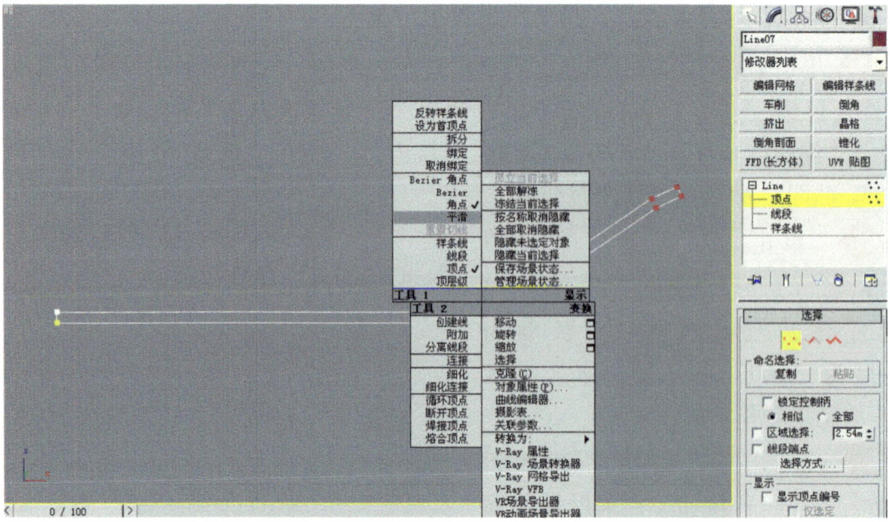

图 3-9　对右侧 6 个顶点设置平滑点

步骤 7 关闭（顶点）子选项，在 修改器列表 列表中执行 车削（车削）命令，勾选“焊接内核”复选框，为了让果盘更圆滑一些，将“分段”设置为“38”，单击“参数”选项下 对齐 最小 中心 最大（对齐）命令中的“最小”按钮，如图 3-10 所示。

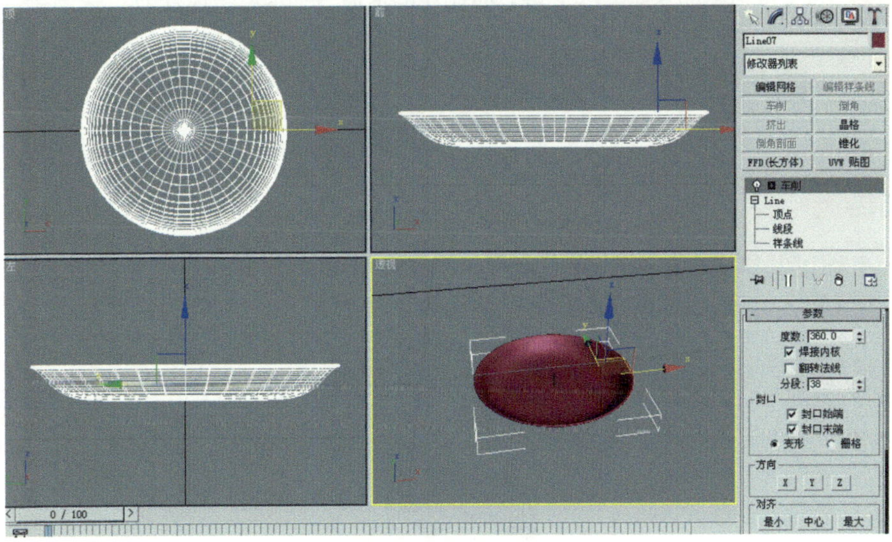

图 3-10　执行“车削”命令后的果盘

步骤 8 单击（创建）/（图形）/ 矩形（矩形）按钮，在前视图中单击鼠标左键并拖动创建一个长度为“80”、宽度为“35”的矩形，作为苹果“剖面线”的初始矩形。单击（修改）按钮，在 修改器列表 列表中执行 编辑样条线 命令，进入（顶点）层级，将右侧 2 个点改为“Bezier”点，调整成苹果的剖面线形状，如图 3-11 所示。

步骤 9 同样对绘制的苹果剖面线进行“车削”命令，单击“参数”选项下 对齐 最小 中心 最大（对齐）命令中的“最小”按钮，如图 3-12 所示。

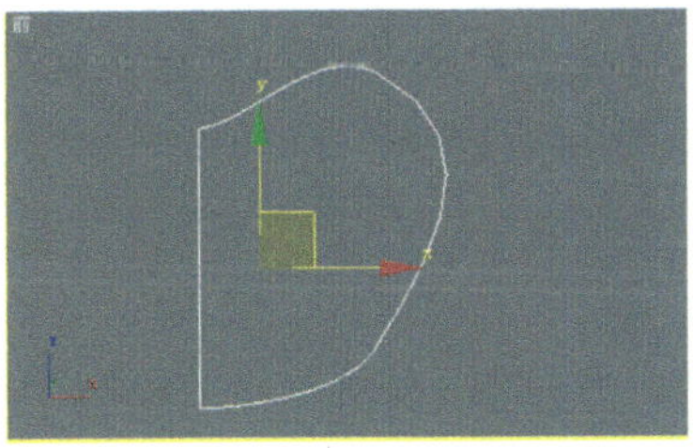

图 3-11　绘制的苹果剖面线

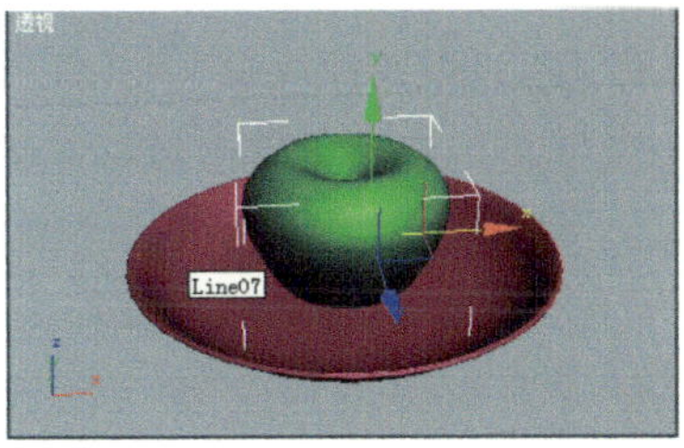

图 3-12　执行“车削”后的效果

温馨小提示：

如果在透视图中出现黑色的苹果，可以勾选“参数”选项下的“翻转法线”复选框。

步骤 10 将制作的苹果造型复制出多个，单击（修改）面板，分别执行 锥化 命令，通过改变锥化的数量和曲线值，得到不同的苹果造型。

温馨小提示：

可以修改“锥化”命令下的 Gizmo 和中心以得到不同的苹果造型。

步骤 11 按下键盘上的 <Ctrl + S> 键，将制作的果盘与苹果造型保存为“实例 3-2. max”。

任务 3 窗户建模

任务描述：

本任务通过制作一个简单的窗户造型，来学习【矩形】命令的使用，以及【挤出】、【编辑样条线】的修改，让矩形能够通过挤出进行渲染输出。窗户的最终效果如图 3-13 所示。

窗户建模

图 3-13 窗户的最终效果图

任务实施：

步骤 1 启动 3ds Max 软件，将单位设置为“毫米”。

步骤 2 单击（修改）/（配置修改器集）按钮，勾选“显示按钮”选项，同时，在“配置修改器集”选项上单击鼠标左键，弹出“配置修改器集”对话框，将修改器中的“编辑网格”“编辑样条线”“车削”“倒角”“挤出”“晶格”“弯曲”“锥化”“FFD（长方体）”“UVW 贴图”命令拖到修改按钮上。

步骤 3 单击（创建）/（图形）/ 矩形 （矩形）按钮，在前视图中单击鼠标左键并拖动创建一个矩形，作为窗户的“窗框”，修改各个参数，单击视图控制区中的（所有视图最大化显示）按钮，矩形参数如图 3-14 所示。

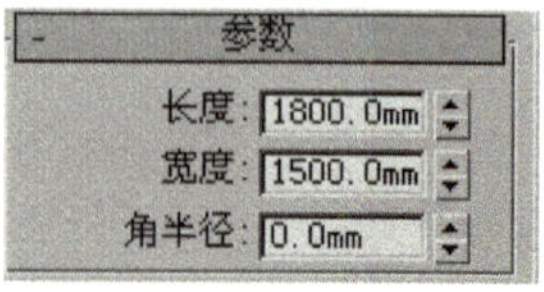

图 3-14 矩形的参数

步骤 4 单击（修改）/ 编辑样条线 按钮，进入（分段）层级，选中最上面一条线，锁定 y 轴，按住 <Shift> 键，向下复制，移动到合适的位置。同理，锁定 x 轴，将最右面一条线向左复制，得到如图 3-15 所示的效果。

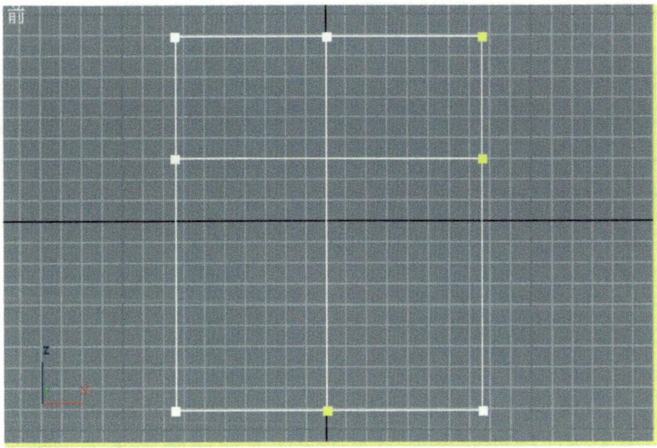

图 3-15　修改样条线后的效果

步骤 5 激活前视图并最大化显示，进入 （顶点）层级，选中最上面中间的顶点，锁定 y 轴，向下拖动到两条线交叉的位置，如图 3-16 所示。

步骤 6 进入 （样条线）层级，选中外边框，在 几何体 （几何体）面板下单击 轮廓 0.0mm 命令选项，将轮廓值改为“60”，同理，选中中间两条线，将轮廓值改为“50”，最终效果如图 3-17 所示。

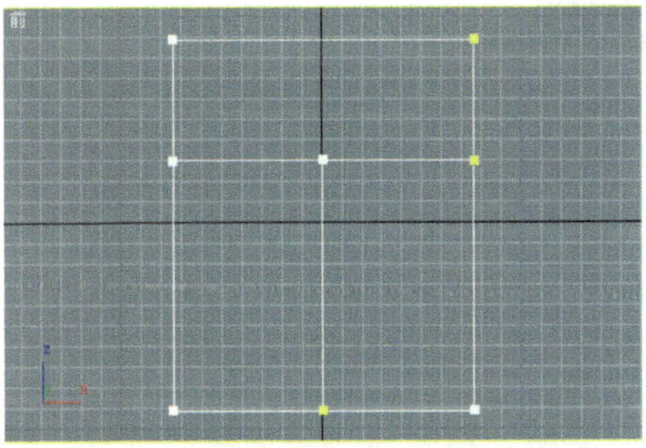

图 3-16　顶点移动的位置

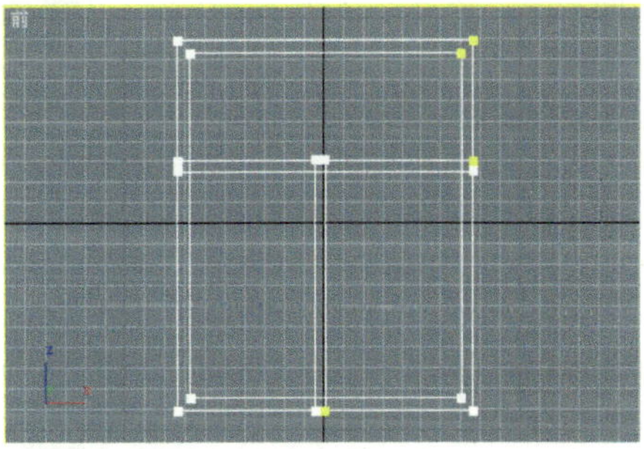

图 3-17　修改完轮廓值之后的效果

步骤 7 调整完毕后，关闭 （样条线）层级，然后将整个图形执行 挤出 命令。挤出的参数设置如图 3-18 所示。

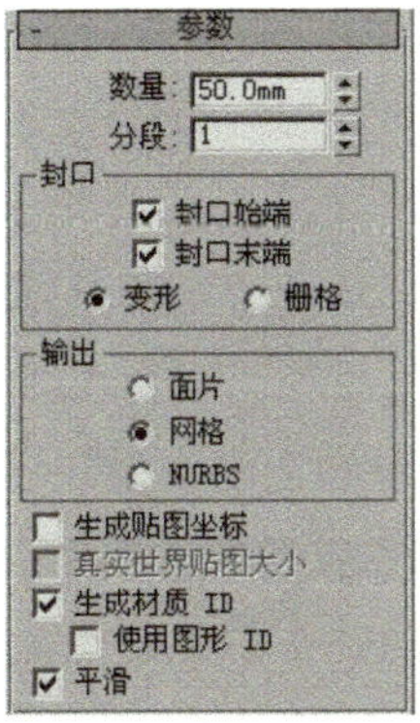

图 3-18　挤出的参数设置

步骤 8 原地复制一组窗户，将复制得到的图形的“编辑样条线”命令删除，修改挤出参数为“10”作为玻璃。

步骤 9 按下键盘上的 <Ctrl + S> 键，将制作的窗户造型保存为“实例 3-3. max”。

任务 4　天花板建模

任务描述：

本任务通过制作一个简单的天花板造型，来学习【挤出】、【编辑样条线】、【倒角剖面】命令的使用，以及复习【管状体】、【矩形】、【原地复制】等命令。天花板的最终效果如图 3-19 所示。

天花板之吊顶建模

图 3-19　天花板的最终效果图

任务实施：

步骤 1 启动 3ds Max 软件，将单位设置为“毫米”。

步骤 2 单击 （修改）/ （配置修改器集）按钮，勾选“显示按钮”选项，同时，在“配置修改器集”选项上单击鼠标左键，弹出“配置修改器集”对话框，将修改器中的“编辑网格”“编辑样条线”“倒角剖面”“网格平滑”“挤出”“晶格”“弯曲”“锥化”“FFD（长方体）”“UVW 贴图”命令拖到命令按钮上。

步骤 3 单击 （创建）/ （图形）/ 矩形 （矩形）按钮，在顶视图中单击鼠标左键并拖动创建一个“6500 × 4500”的矩形（即一个客厅范围大小），单击视图控制区中的 （所有视图最大化显示）按钮。

步骤 4 选中步骤 3 创建的矩形，按住 <Shift> 键原地复制两个相同的矩形，并修改参数，其中，一个矩形的参数为“5800 × 3800”，另一个矩形的参数为“3000 × 3000”。

步骤 5 选中“6500 × 4500”的矩形，单击 （修改）/ 编辑样条线 （编辑样条线）按钮，进入 （样条线）层级，在 + 几何体 （几何体）面板下单击“附加”选项，然后单击“5800 × 3800”的矩形，这样两个矩形就附加到一起成为一个整体。

步骤 6 对附加在一起的这两个矩形进行 挤出 （挤出）操作，作为天花板的

“吊顶”，挤出数量为“150”。

步骤 7 右键激活前视图，将天花板的“吊顶”按住 < Shift > 键进行原地复制，删除“编辑样条线”命令，同时修改挤出数量为“100”，作为天花板的“楼板”。

步骤 8 激活前视图，选中天花板的“楼板”，右键单击（移动）按钮，在弹出的“移动变化输入”对话框的 偏移:屏幕 列的“Y”轴上输入“300”，即将天花板的“楼板”在 y 轴方向上向上移动 300mm 的距离，同时选中天花板的“吊顶”和“楼板”并单击（显示）按钮进行隐藏。

步骤 9 激活前视图并按住 < Alt + W > 进行全屏显示，单击（创建）/（图形）/ 矩形 （矩形）按钮，做一个辅助矩形，长度为“120”、宽度为“65”，单击（修改）/ 编辑样条线 （编辑样条线）按钮，进入（顶点）层级，在 几何体 （几何体）面板下单击“优化”按钮，在矩形边框上选取 4 个点，如图 3-20a 所示。编辑优化的 4 个点以及左下角顶点，得到如图 3-20b 所示的效果。

步骤 10 激活前视图，选中“3000 × 3000”的矩形，单击（修改）/ 倒角剖面 （倒角剖面）按钮，在“参数”选项下选择 拾取剖面 （拾取剖面），然后单击图 3-20b 所示的造型。

步骤 11 单击（创建）/（图形）/ 矩形 （矩形）按钮，在顶视图中做一个“1100 × 700”的辅助矩形，单击（修改）/ 编辑样条线 （编辑样条线）按钮，进入（顶点）层级，将该辅助矩形的左上角顶点删除，同时选中另外三个顶点单击鼠标右键将其变为“角点”，最后将最左侧顶点向上移动一定的距离，得到一个锐角三角形图样。

步骤 12 在该锐角三角形中利用画线命令画一个“天花”造型，如图 3-21a 所示，对该“天花”造型的各个顶点进行编辑，造型中处于中间部分的顶点改为“平滑点”，而处于转折部分的顶点改为“角点”，调整各个顶点，删除所做的辅助三角形，得到如图 3-21b 所示的效果。

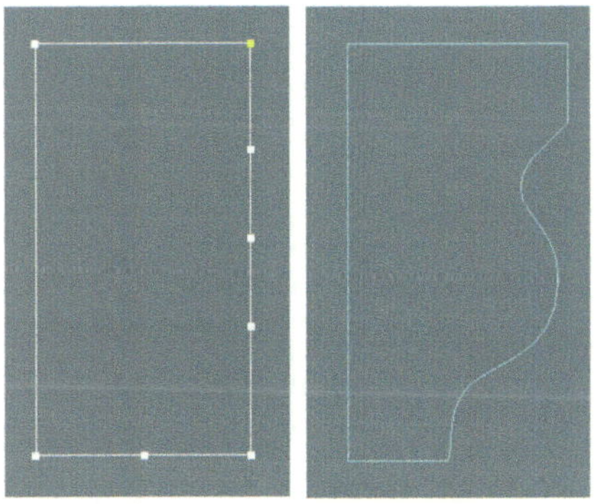

a)　　b)

图 3-20　编辑样条线

a）优化后的矩形　b）编辑后的造型

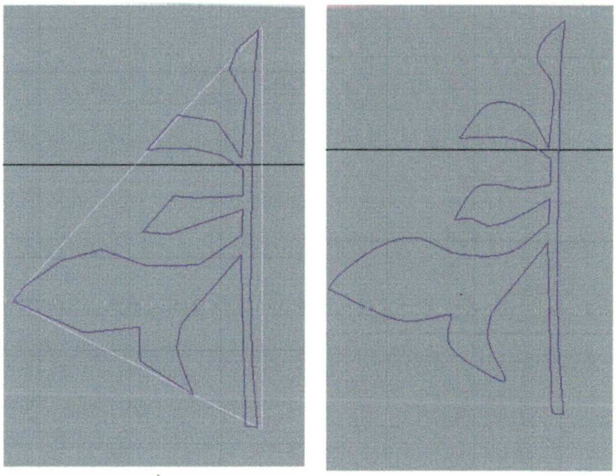

a)　　b)

图 3-21　编辑天花造型

a）初始天花造型　b）编辑后的天花造型

步骤 13 选中该天花造型，单击（镜像）按钮，在弹出的“镜像：屏幕坐标”对话框中选择“X”轴作为镜像轴，实例复制得到另一个相同天花造型，同时选中两个造型，右键单击（角度捕捉切换）按钮，将角度设置为“45°”并对其进行旋转，旋转后进行 挤出 （挤出），挤出的数量为“-30”，将得到的“天花”造型移动到合适的位置，阵列得到天花板的四个“天花”造型，如图 3-22 所示。

图 3-22　阵列得到的四个天花造型

步骤 14 单击（创建）/（几何体）/ 管状体 （管状体）按钮，在顶视图拖动鼠标做一个管状体，调整半径 1 和半径 2 的参数，让管状体与天花板对齐，调整该管状体位置与四个“天花”造型相连接，如图 3-23a 所示。按住 <Shift> 键原地复制一个管状体，并修改参数中的半径 1 和半径 2，以便得到合适的造型，如图 3-23b 所示。

a)　　　　b)

图 3-23　天花造型

天花板之天花建模

步骤 15 单击（创建）/（图形）/ 矩形 （矩形）按钮，在顶视图拖动鼠标画一个矩形，参数为长度“1800”、宽度“110”，单击（修改）/ 编辑样条线 （编辑样条线）按钮，进入（顶点）层级，对顶点进行优化，得到如图 3-24 所示的效果。

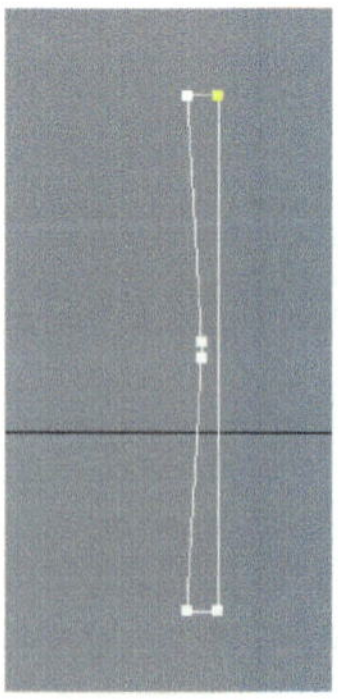

图 3-24　优化的矩形

步骤 16 选中优化得到的矩形造型，单击（镜像）按钮，在弹出的“镜像：屏幕 坐标”对话框中选择“X”轴作为镜像轴，实例复制得到另一个相同的矩形造型，同时选中两个造型并进行挤出，挤出数量为“30”，将其旋转复制 90°得到两组矩形造型，取消“楼板”与“吊顶”的隐藏，将其移动到合适的位置，如图 3-25 所示。

步骤 17 按下键盘上的 <Ctrl + S> 键，将制作的天花板造型保存为“实例 3-4. max”。

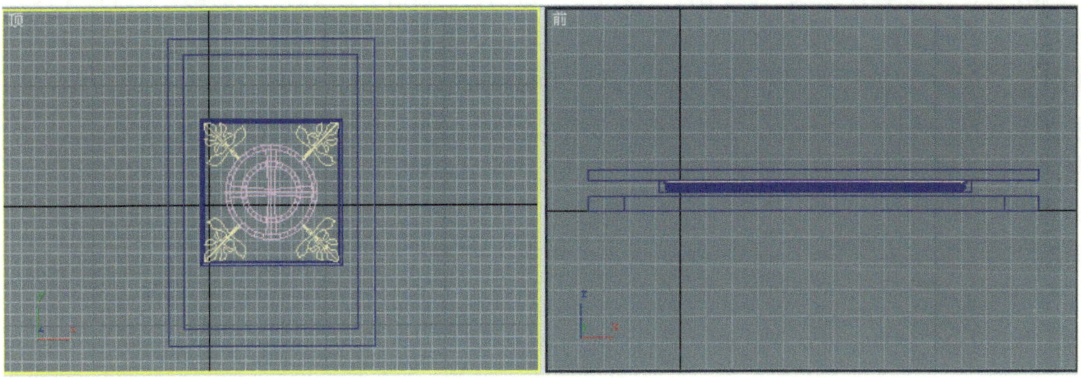

图 3-25　整个天花板在顶视图与前视图中的效果

任务 5　实木镶板门建模

任务描述：

本任务通过制作一个实木镶板门造型，来学习【挤出】、【倒角】、【编辑样条线】、【放样】、【倒角剖面】命令的使用，以及复习【矩形】、【圆】等命令。实木镶板门的最终效果如图 3-26 所示。

图 3-26　实木镶板门的最终效果图

实木镶板门之门板建模

任务实施：

步骤 1　启动 3ds Max 软件，将单位设置为“毫米”。

步骤 2　单击（修改）/（配置修改器集）按钮，勾选“显示按钮”选项，同时，在“配置修改器集”选项上单击鼠标左键，弹出“配置修改器集”对话框，将修改器中的

“编辑网格”“编辑样条线”“车削”“倒角”“挤出”“晶格”“弯曲”“锥化”“FFD（长方体）”“UVW 贴图”命令拖到命令按钮上。

步骤 3 单击（创建）/（图形）/ 矩形（矩形）按钮，在前视图中单击鼠标左键并拖动创建一个矩形，修改各个参数，单击视图控制区中的（所有视图最大化显示）按钮，矩形参数如图 3-27 所示。

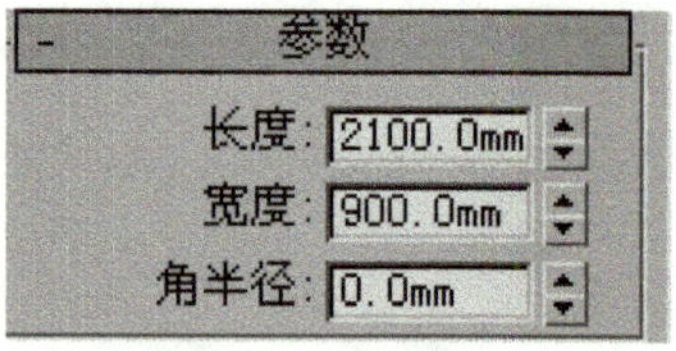

图 3-27　矩形的参数

步骤 4 按住 <Shift> 键原地复制 2 个矩形，修改尺寸为“1600×750”。

步骤 5 选中“2100×900”的矩形，单击（修改）/ 编辑样条线（编辑样条线）按钮，进入（样条线）层级，打开 + 几何体（几何体）选项，在该面板下单击“附加”按钮，然后单击 1600mm×750mm 的矩形，将两个矩形附加到一起成为一个整体。

步骤 6 对附加在一起的这两个矩形执行 挤出（挤出）命令，挤出数量为“80”，作为门的“门板”。

步骤 7 选中另一个“1600×750”的矩形执行 挤出（挤出）命令，挤出数量为“50”，作为门的“门芯”。

步骤 8 单击（创建）/（图形）/ 矩形（矩形）按钮，在前视图中创建一个“400×250”的矩形，单击视图控制区中的（所有视图最大化显示）按钮。

步骤 9 选中该矩形执行 倒角（倒角）命令，作为门的“镶板”，其中，各个参数如图 3-28 所示。

步骤 10 单击工具栏上（捕捉开关）按钮，将该按钮激活，右键单击该按钮进行捕捉设置，勾选“端点”选项，在各个视图中，将“镶板”的左上角端点与“门芯”的左上角端点进行重合，然后进行阵列命令。

步骤 11 阵列后修改“镶板”的“倒角值”下的“起始轮廓”值为“－15”。

步骤 12 单击（创建）/（几何体）/ 圆（圆）按钮，在前视图拖动鼠标做一个半径为“32”的圆，执行 倒角（倒角）命令，作为“门把手”的“固定轴”，其中，各个参数如图 3-29 所示。

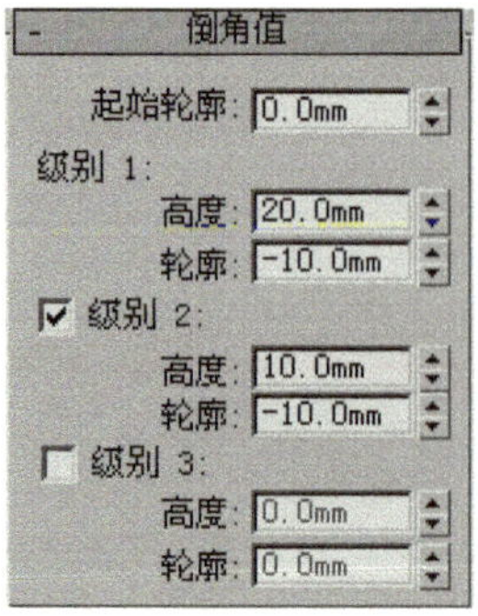

图 3-28　“镶板”的倒角参数

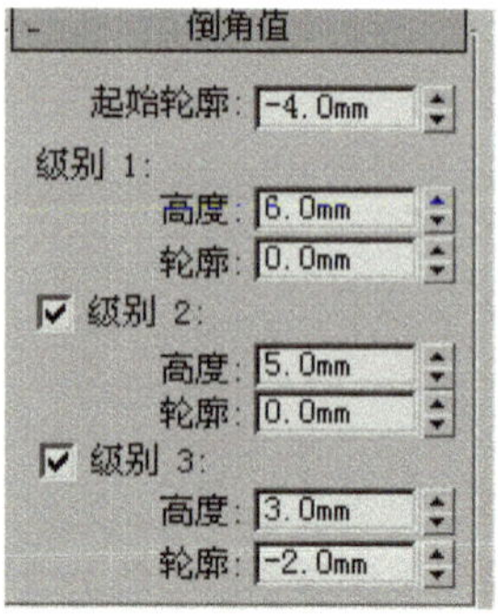

图 3-29　倒角的参数

实木镶板门之门套和把手建模

步骤 13 单击（创建）/（图形）/ 矩形 （矩形）按钮，在顶视图中单击鼠标左键并拖动创建一个矩形，修改各个参数，长度为“30”、宽度为“80”、角半径为“5”，单击视图控制区中的（所有视图最大化显示）按钮，如图 3-30a 所示。

步骤 14 单击（修改）/ 编辑样条线 按钮，进入（分段）层级，删除不必要的线，如图 3-30b 所示。

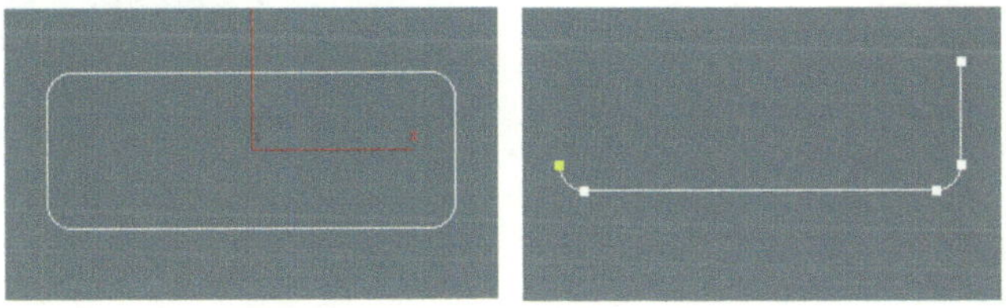

a) b)

图 3-30 绘制门把手

a）门把手的初始形态 b）门把手的基本形态

步骤 15 单击（创建）/（图形）/ 圆 （圆）按钮，在顶视图中单击鼠标左键并拖动创建一个半径为“7”的圆作为辅助图形。

步骤 16 激活顶视图，选中修改好的矩形，单击（修改）/ 倒角剖面 （倒角剖面）按钮，在“参数”选项下选择 拾取剖面 （拾取剖面），单击步骤 15 创建的圆，最终得到“门把手”造型，将“门把手”移动到合适的位置，如图 3-31 所示。

步骤 17 激活前视图，选中“门板”，按住 Shift 键原地复制，在修改面板的命令列表中，删除“挤出”命令，单击（修改）/ 编辑样条线 按钮，进入（分段）层级，删除“门板”最下面的线，作为门的“门套”。

步骤 18 单击（创建）/（图形）/ 矩形 （矩形）按钮，在前视图中单击鼠标左键并拖动创建一个长度为“120”、宽度为“60”的矩形，单击（修改）/ 编辑样条线 （编辑样条线）按钮，进入（顶点）层级，对顶点进行优化，作为“门套”的放样图形，如图 3-32 所示。

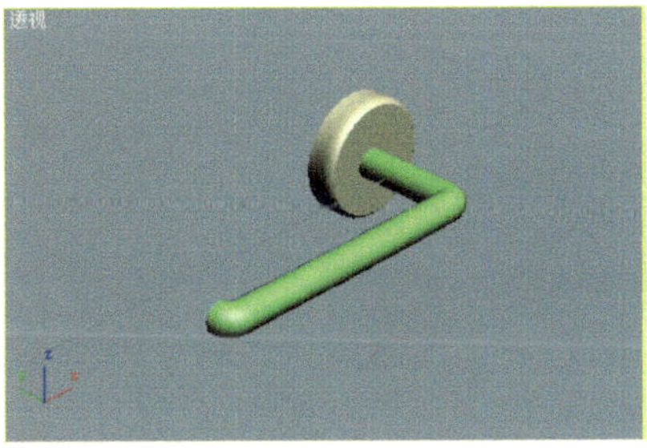

图 3-31 门把手造型

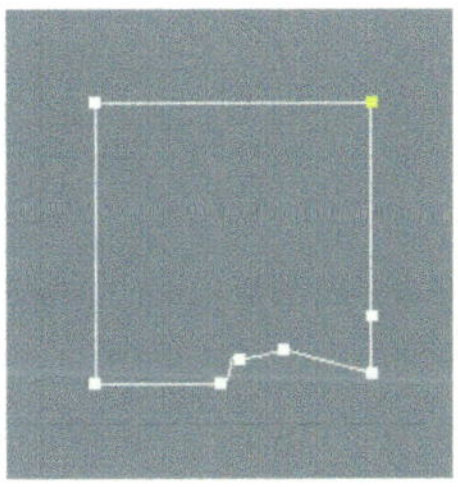

图 3-32 门套的放样图形

步骤 19 选中“门套”，单击（创建）/（几何体）按钮，在如图 3-33 所示的下拉列表中选择“复合对象”，单击 放样 按钮，在“创建方法”中单击 获取图形 按钮，当鼠标变为“获取图形”符号时，单击如图 3-32 所示的放样图形，最终得到“门套”造型，如图 3-34 所示。

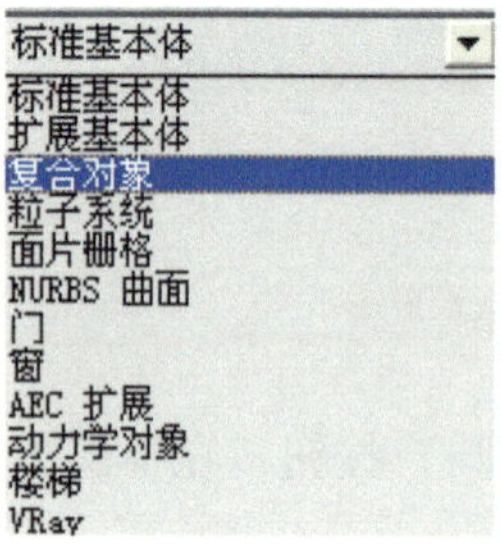

图 3-33　下拉列表

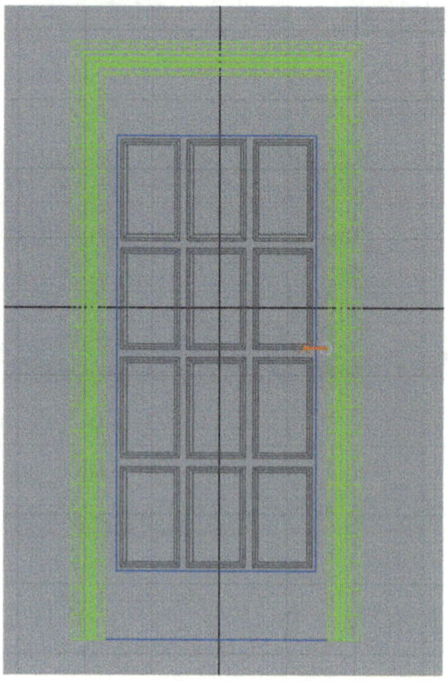

图 3-34　门套与门

步骤 20 按下键盘上的 <Ctrl + S> 键，将制作的实木镶板门造型保存为“实例 3-5. max”。

任务 6　吧台与吧台凳建模

任务描述：

本任务通过制作一个简单的吧台造型，来学习【挤出】、【倒角】、【复合对象】、【放样】命令的使用，调整“几何体”卷展栏下的参数，以及复习【线】、【圆柱体】、【矩形】等命令。吧台的最终效果如图 3-35 所示。

吧台建模

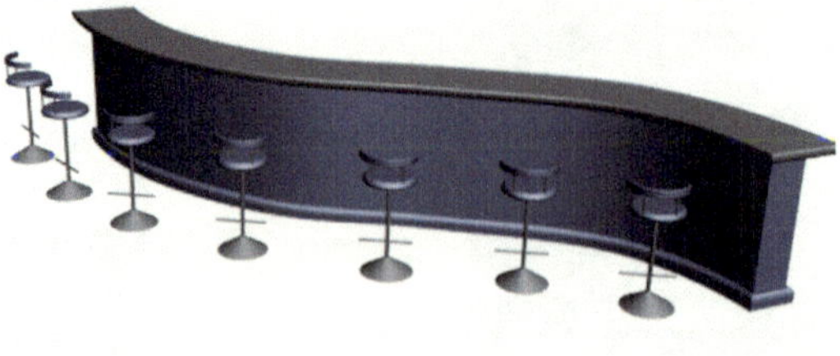

图 3-35　吧台的最终效果图

任务实施：

步骤 1 启动 3ds Max 软件，将单位设置为“毫米”。

步骤 2 单击（修改）/（配置修改器集）按钮，勾选“显示按钮”选项，同时，在“配置修改器集”选项上单击鼠标左键，弹出“配置修改器集”对话框，将修改器中的“编辑网格”“编辑样条线”“车削”“倒角”“挤出”“晶格”“弯曲”“锥化”“FFD（长方体）”“UVW 贴图”命令拖到命令按钮上。

步骤 3 单击（创建）/（图形）/矩形（矩形）按钮，在顶视图中单击鼠标左键并拖动创建一个“6000×1000”的矩形，作为“吧台”的辅助矩形，单击视图控制区中的（所有视图最大化显示）按钮。

步骤 4 单击（创建）（图形）/线（线）按钮，在“6000×1000”的辅助矩形中画线，大致造型如图 3-36 所示。

步骤 5 单击（修改）按钮，进入（顶点）层级，修改各个顶点样式为“Bezier”点或“平滑”点，修改后的造型如图 3-37 所示。

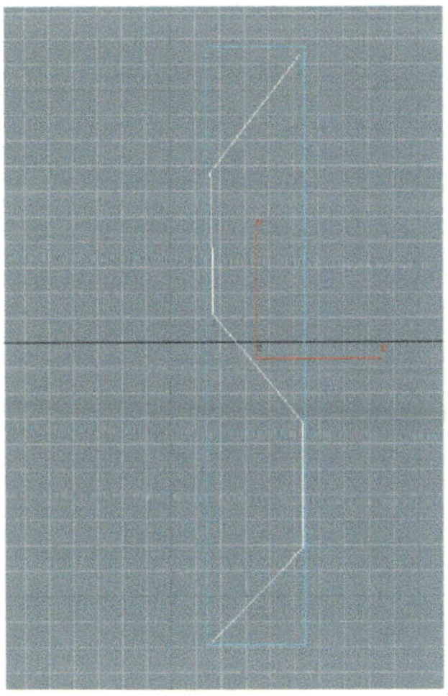

图 3-36　线的造型

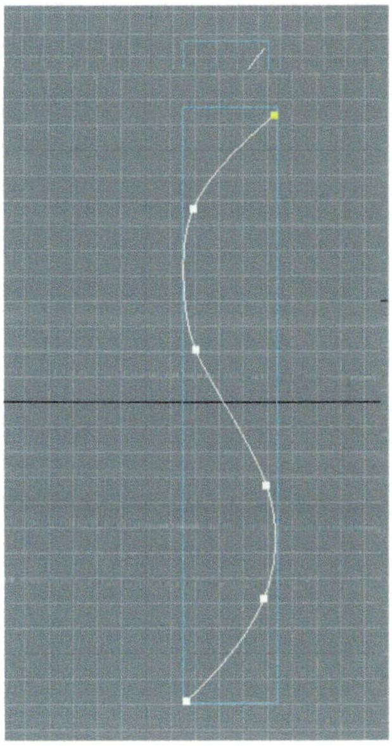

图 3-37　修改后线的造型

步骤 6 删除辅助的矩形，单击（修改）按钮，进入（样条线）层级，打开 + 几何体（几何体），单击轮廓（轮廓）命令，勾选“中心”复选框，将轮廓值改为“500”，命名此线为“线 01”，如图 3-38 所示。

步骤 7 关闭（样条线）子选项，按住 <Shift> 键原地复制线 01，按照步骤 6 将轮廓值改为“120”，删掉内侧一组样条线，关闭（样条线）子选项，命名此线为“线 02”，如图 3-39所示。

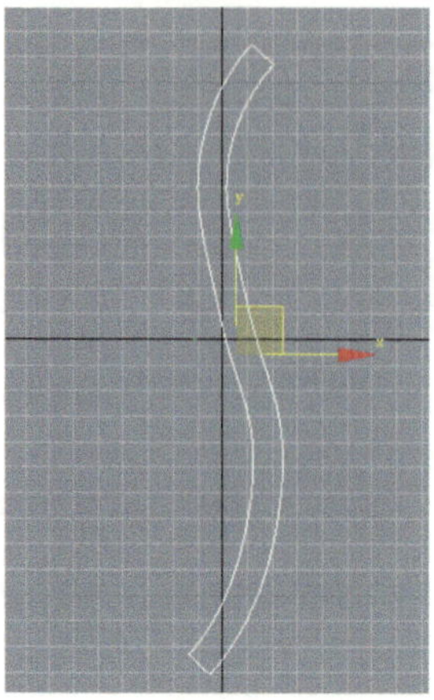

图 3-38　线 01

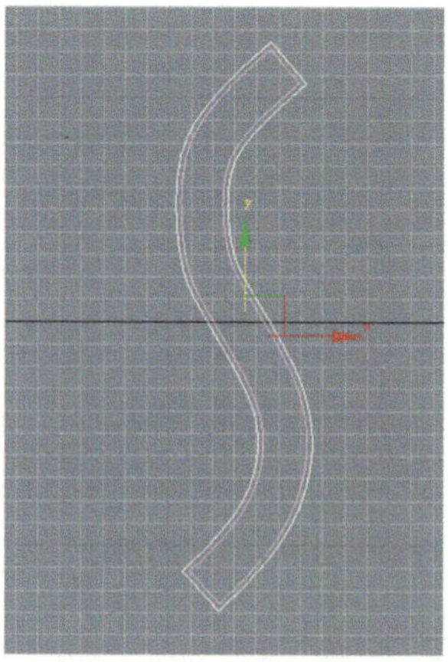

图 3-39　线 02

步骤 8 按住 <Shift> 键原地复制线 02，命名为“线 03”。将线 01 执行“挤出”命令，挤出数量为“1100”，将其命名为“吧台柜体”。

步骤 9 将线 02 执行“倒角”命令，勾选“参数”选项下的“曲线侧面”单选钮以及“级间平滑”复选框，并把“分段”数量改为“3”，倒角参数如图 3-40 所示。将其命名为“吧台台面”，并移动到吧台柜体的台面。

步骤 10 按照上述步骤 9 将线 03 使用倒角命令，完成吧台底座的制作，参数如图 3-41 所示。

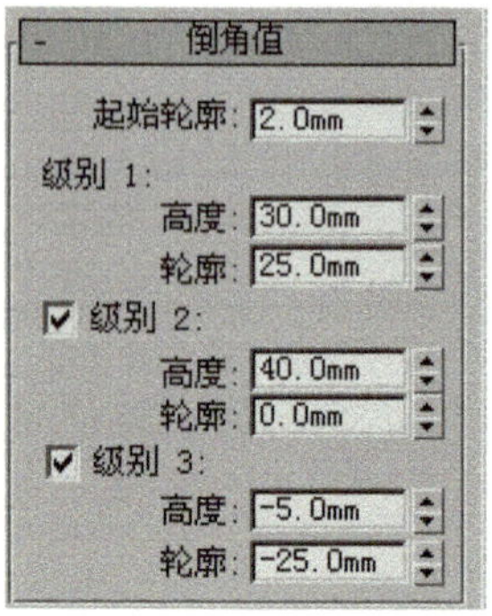

图 3-40　台面的倒角参数

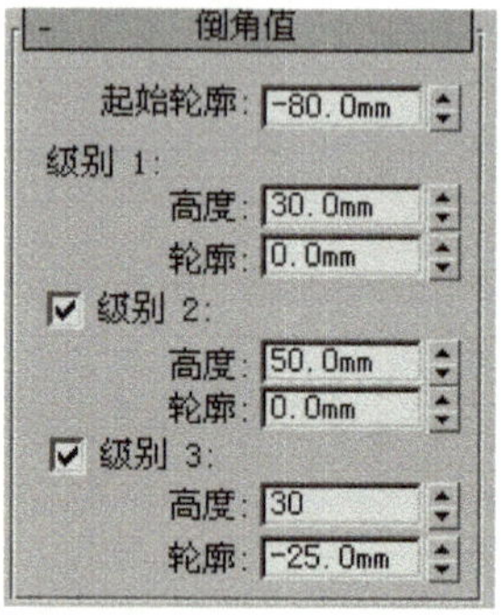

图 3-41　底座的倒角参数

步骤 11 将制作好的吧台台面、吧台柜体、吧台底座在各个视图中进行成组，组成一个吧台造型，如图 3-42 所示。

步骤 12 将制作好的吧台造型隐藏，接下来制作吧台凳。

步骤 13 单击（创建）/（图形）/ 圆 （圆）按钮，在顶视图中单击鼠标左键并拖动创建一个半径为“240”的圆，对该圆执行“倒角”命令，勾选“参数”选项下的“曲线侧面”单选钮以及“级间平滑”复选框，并把“分段”数量改为“3”，倒角参数如图 3-43所示。将其命名为“吧台凳坐垫”。

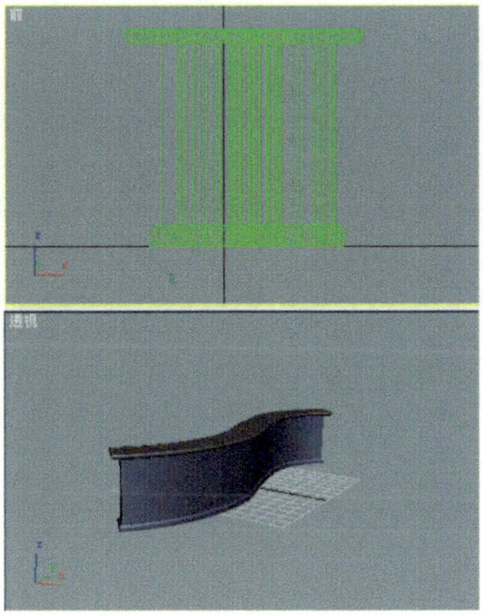

图 3-42　吧台造型

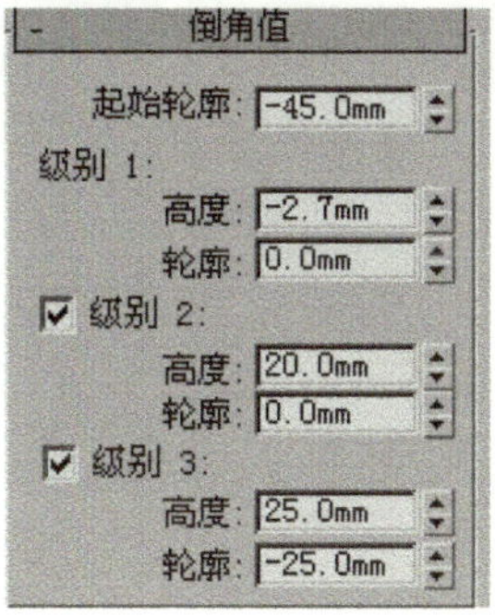

图 3-43　坐垫的倒角参数

吧台凳建模

步骤 14 单击（创建）/（图形）/ 矩形 （矩形）按钮，在前视图中单击鼠标左键并拖动创建一个长度为“700”、宽度任意的辅助矩形，单击（创建）（图形）/ 线 （线）按钮，在该辅助矩形中画线，大致造型如图 3-44 所示。单击视图控制区中的（所有视图最大化显示）按钮。

步骤 15 删除辅助矩形，选中如图 3-44 所示的线的造型，执行 车削 （车削）命令，命名为吧凳的“支柱”，为了让支柱更圆滑一些，将“分段”设置为“38”，单击“参数”选项下 对齐 最小 中心 最大 （对齐）命令中的“最小”按钮，将吧台凳的支柱与坐垫执行对齐操作，如图 3-45 所示。

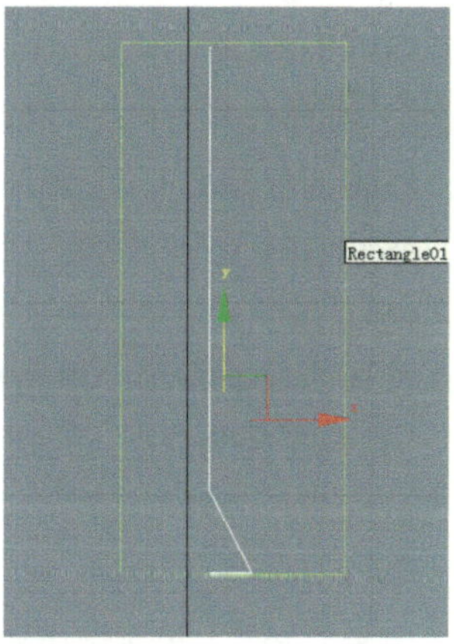

图 3-44　线的造型

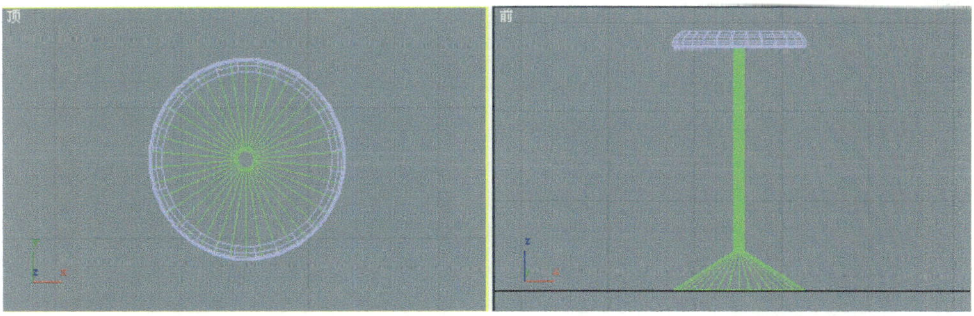

图 3-45　吧台凳坐垫与支柱的关系

步骤 16 单击（创建）/（几何体）/ 圆柱体 （圆柱体）按钮，在前视图或左视图中单击鼠标左键并拖动创建一个圆柱体，作为吧台凳的“脚踏”，修改参数，单击视图控制区中的（所有视图最大化显示）按钮，将其移动到合适位置，最终形态及参数如图 3-46所示。

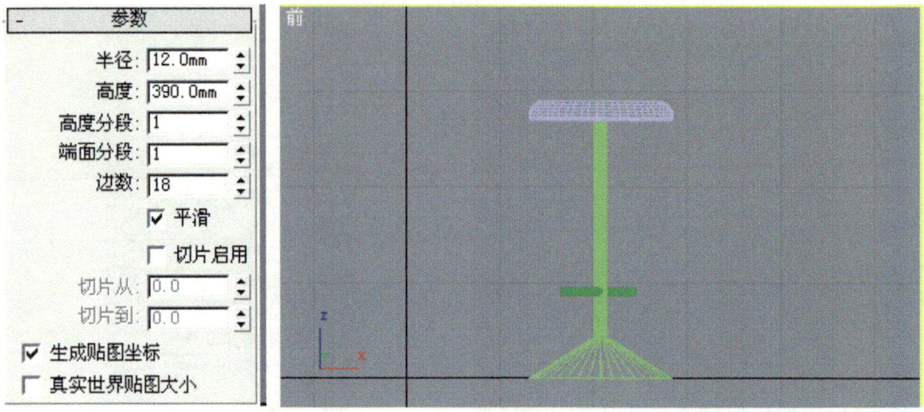

图 3-46　脚踏的参数值及位置

步骤 17 单击（创建）（图形）/ 线 （线）按钮，在顶视图中围着吧台凳坐垫画一条弧形的折线，大致造型如图 3-47 所示。

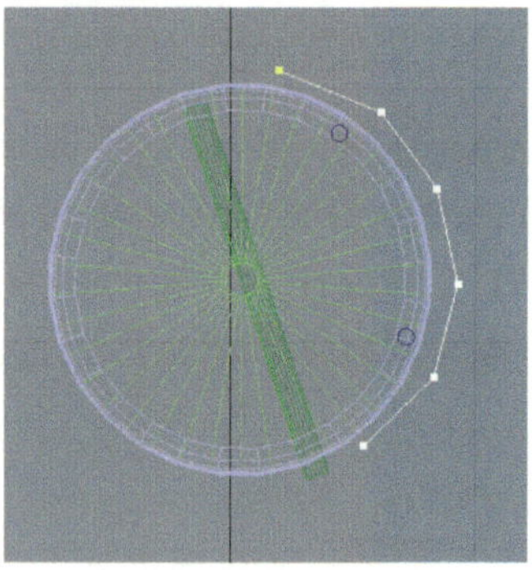

图 3-47　折线的造型

步骤 18 单击（修改）按钮，进入（顶点）层级，修改各个顶点样式为“Bezier”点或“平滑点”，修改后的造型如图 3-48 所示。

步骤 19 单击（创建）/（图形）/ 矩形 （矩形）按钮，在前视图中单击鼠标左键并拖动创建一个“50 × 24”，且角半径为“4”的矩形，作为放样图形。

步骤 20 选中如图 3-48 所示的折线造型，单击（创建）/（几何体）按钮，在如图 3-33 所示的下拉列表中选择“复合对象”，单击 放样 按钮，在“创建方法”中单击 获取图形 按钮，当鼠标变为“获取图形”样式时，单击放样图形，最终得到吧台凳靠背造型，如图 3-49 所示。

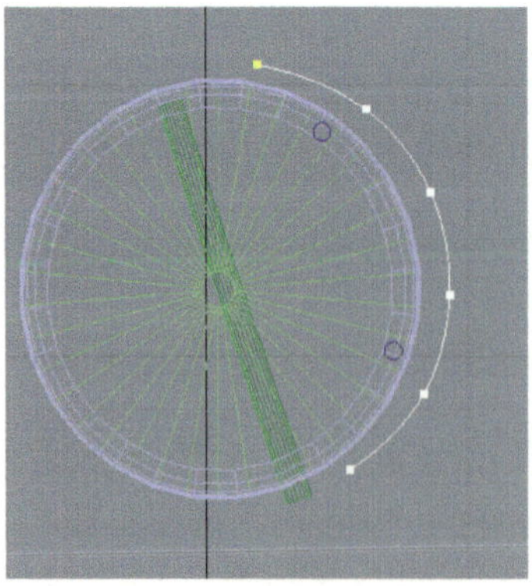

图 3-48　修改后的折线造型

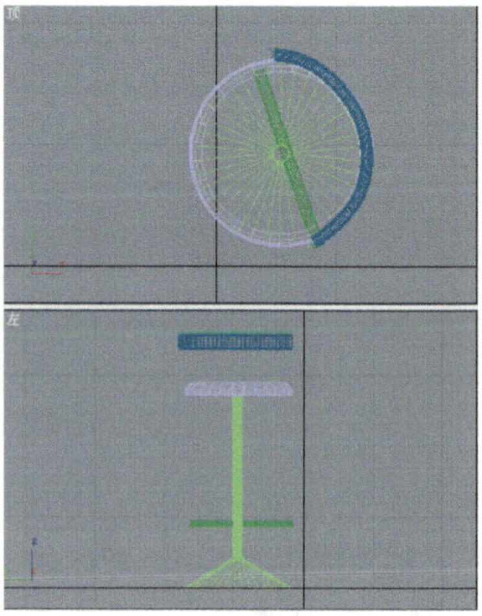

图 3-49　靠背造型

步骤 21 单击 （创建）/ （几何体）/ 圆柱体 （圆柱体）按钮，在顶视图中单击鼠标左键并拖动创建一个半径为“9”、高度为“150”的圆柱体，作为吧台凳靠背与坐垫直接连接的构件，单击视图控制区中的 圆柱体 （所有视图最大化显示）按钮，按住 <Shift> 键原地实例复制一个相同的构件，将其移动到合适的位置，吧台凳的效果如图 3-50 所示。

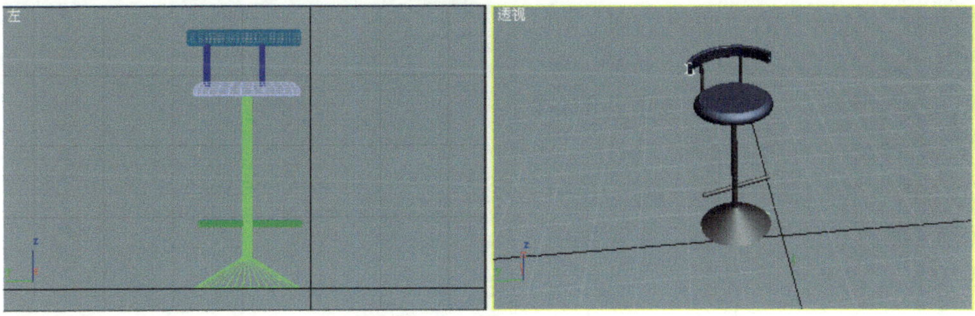

图 3-50 吧台凳最终造型

步骤 22 将隐藏的吧台显示出来，并复制一组吧台凳，移动到合适的位置。

步骤 23 按下键盘上的 <Ctrl + S> 键，将制作的吧台与吧台凳造型保存为“实例 3-6. max”。

任务 7 水杯建模

任务描述：

本任务通过制作一个简单的水杯造型，来学习【倒角】以及“复合对象”中【放样】命令的使用，调整“几何体”卷展栏下的参数。水杯的最终效果如图 3-51 所示。

图 3-51 水杯的最终效果图

水杯建模

任务实施：

步骤 1 启动 3ds Max 软件，将单位设置为“毫米”。

步骤 2 单击 （修改）/ （配置修改器集）按钮，勾选“显示按钮”选项，同时，在“配置修改器集”选项上单击鼠标左键，弹出“配置修改器集”对话框，将修改器中的

“倒角”命令拖到命令按钮上。

步骤 3 单击（创建）/（图形）/圆环（圆环）按钮，在顶视图中单击鼠标左键并拖动创建一个半径 1 为“45”，半径 2 为“43”的圆环，单击视图控制区中的（所有视图最大化显示）按钮。

步骤 4 将圆环执行“倒角”命令，勾选“参数”选项下的“曲线侧面”单选钮以及“级间平滑”复选框，并把“分段”数量改为“4”，“参数”选项及倒角值如图 3-52 所示，作为水杯的“杯身”。

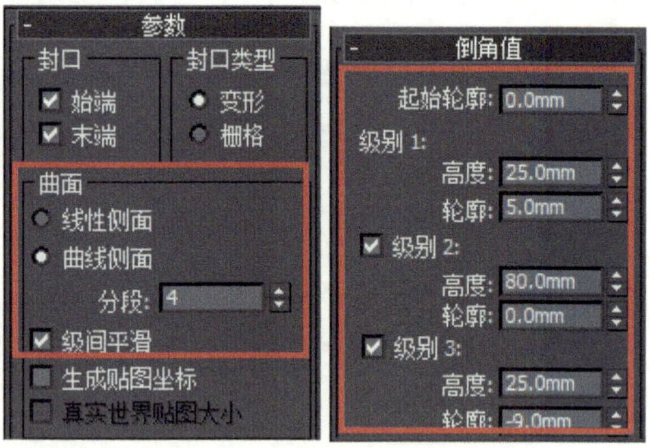

图 3-52　圆环参数调整及倒角值

步骤 5 单击（创建）/（几何体）/圆柱体（圆柱体）按钮，在顶视图中单击鼠标左键并拖动创建一个半径为“40”、高度为“2”的圆柱体，作为水杯的“杯底”。

步骤 6 单击工具栏（对齐）按钮，将“杯底”与“杯身”在顶视图中 x 轴、y 轴中心对齐，如图 3-53 所示。

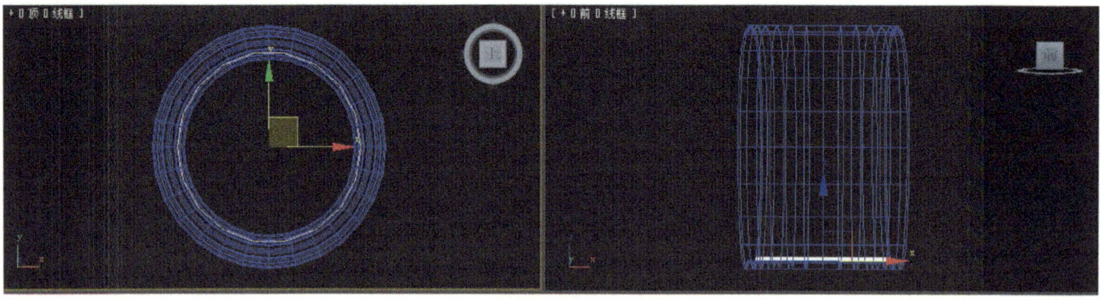

图 3-53　杯底与杯身的位置关系

步骤 7 单击（创建）/（图形）/线（线）按钮，在前视图中画如图 3-54 所示的造型，命名为“线 01”。

步骤 8 进入（顶点）层级，同时选择所有顶点，单击鼠标右键，将其设置为“平滑点”，调整一下各个定点，命名为“线 02”，如图 3-55 所示。

步骤 9 单击（创建）/（图形）/矩形（矩形）按钮，在前视图中单击鼠标左键并拖动创建一个“18 ×5”且角半径为“2”的矩形，命名为“矩形 01”，以及一个“15 ×5”且角半径为“2”的矩形，命名为“矩形 02”，全部作为放样图形。

步骤 10 选中线 02，单击（创建）/（几何体）按钮，选择“复合对象”，单击放样按钮，如图 3-56 所示。在“创建方法”中单击获取图形按钮，当鼠标变为“获取图形”样式时，单击矩形 01，打开“路径参数”，在路径后面填写数字 4，然后再单击获取图形按钮；同样当鼠标变为“获取图形”样式时，单击矩形 02，在路径后面填写数字“96”，然后再单击获取图形按钮，同样当鼠标变为“获取图形”样式时，单击矩形 02，在

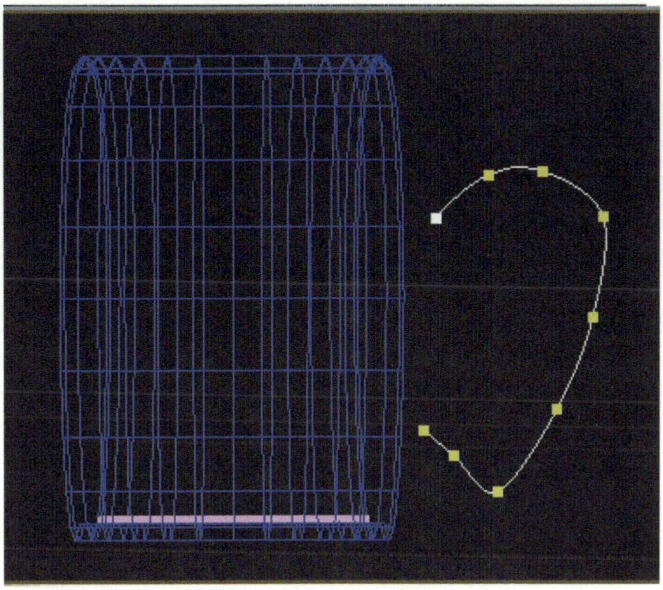

图 3-54 线 01

路径后面填写数字“100”，然后再单击 获取图形 按钮，同样当鼠标变为“获取图形”样式时，单击矩形 01。水杯的把手就制作完成，如图 3-57 所示。

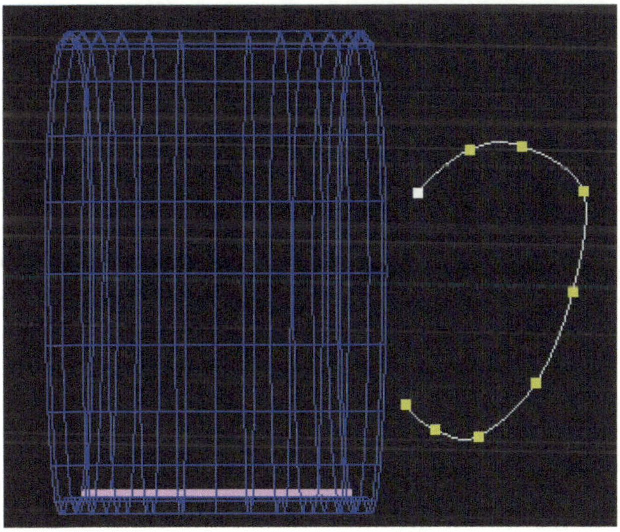

图 3-55 线 02

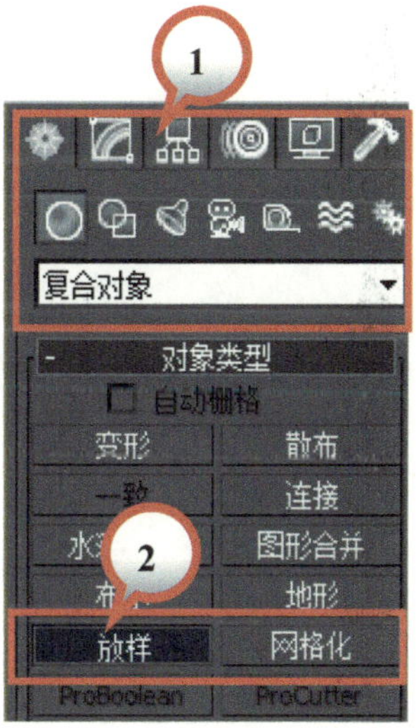

图 3-56 如何找放样命令

步骤 11 按下键盘上的 <Ctrl + S> 键，将制作的水杯造型保存为“实例 3-7. max”。

温馨小提示：

选择不同的路径参数，可以创建不同截面的放样体，从而使得创建的物体更加丰富。

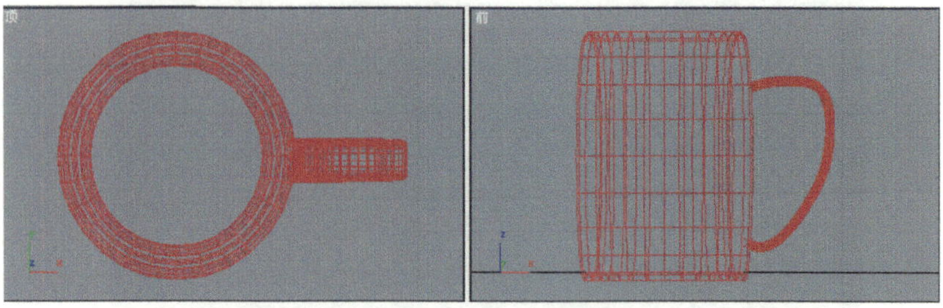

图 3-57 水杯把手与杯身的位置

任务 8 花瓶建模

任务描述：

本任务通过制作一个简单的花瓶造型，来学习【放样】命令的使用，调整【变形】、【蒙皮参数】卷展栏下的参数，以及复习【线】、【圆】等命令。花瓶的最终效果如图 3-58所示。

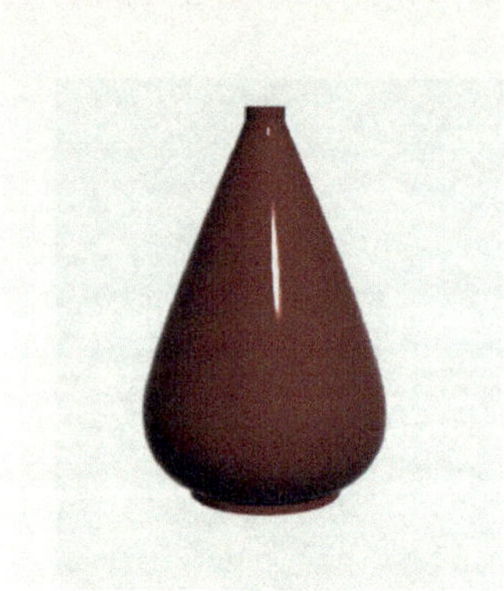

图 3-58 花瓶的最终效果图

花瓶建模

任务实施：

步骤 1 启动 3ds Max 软件，将单位设置为“毫米”。

步骤 2 在前视图中绘制一条长度为“800”的直线，作为放样的路径，在顶视图中绘制一个半径为“200”的圆作为放样截面。

步骤 3 在前视图中选择绘制的直线，单击（创建）/（几何体）按钮，在如图 3-33所示的下拉列表中选择“复合对象”选项，单击 放样 按钮，在“创建方法”中单击 获取图形 按钮，当鼠标变为“获取图形”样式时，单击放样截面——圆，生成放样物体，如图 3-59 所示。

步骤 4 单击（修改）按钮，进入修改命令面板，打开 蒙皮参数 卷展栏，勾

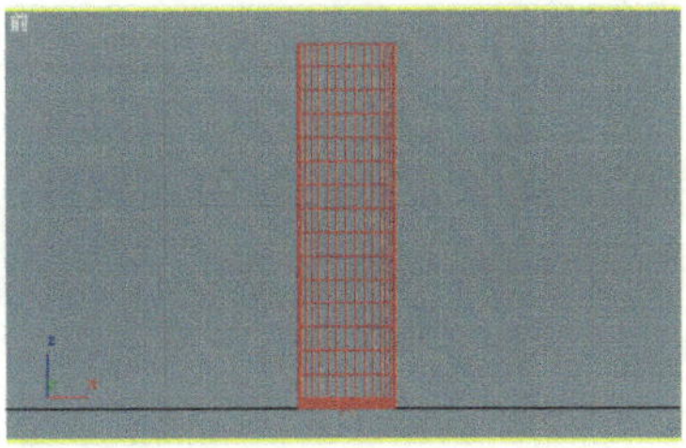

图 3-59　放样效果

选“封口始端”复选框，图形步数修改为“7”，路径步数修改为“14”，再打开 + 变形 卷展栏，单击 缩放 按钮，弹出“缩放变形（X）”窗口，在控制线上添加 3 个控制点，然后调整它的形态，如图 3-60 所示。

步骤 5 花瓶形态调整完后单击 缩放 按钮将其关闭。在前视图中选择创建的花瓶，在修改器堆栈中激活“路径”层级，在前视图中选择 ⁚ （顶点）按钮，进入顶点层级，可以调整顶点的位置，目的是让花瓶看起来更美观。调整完后关闭“路径”层级。

步骤 6 按下键盘上的 <Ctrl + S> 键，将制作的花瓶造型保存为“实例 3-8. max”。

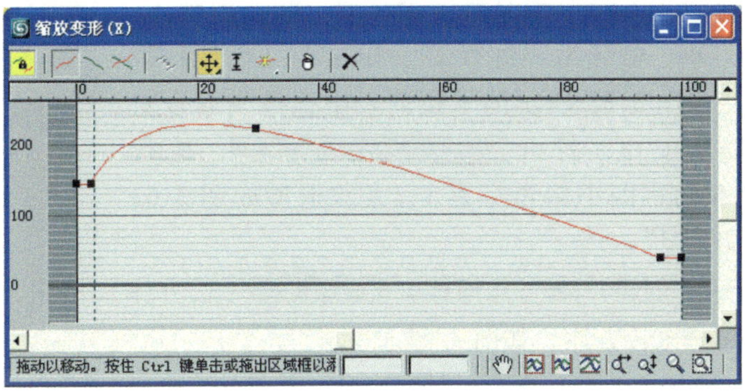

图 3-60　对花瓶进行缩放

任务 9　射灯建模

任务描述：

本任务通过制作一个简单的射灯造型，来学习【倒角】、【编辑网格】、【布尔】、【扩展基本体】、【弯曲】命令的使用，调整【弯曲】卷展栏下的参数，以及复习【圆】、【缩放】、【长方体】等命令。射灯的最终效果如图 3-61 所示。

图 3-61　射灯的最终效果图

射灯之灯管建模

任务实施：

步骤 1 启动 3ds Max 软件，将单位设置为“毫米”。

步骤 2 将修改器中的“编辑网格”“编辑样条线”“车削”“倒角”“挤出”“晶格”“弯曲”“锥化”“FFD（长方体）”“UVW 贴图”命令拖到修改命令按钮上。

步骤 3 单击（创建）/（几何体）/ 圆 （圆）按钮，在顶视图拖动鼠标做一个半径为“30”的圆，执行 倒角 （倒角）操作，作为射灯的“灯罩 1”，倒角参数如图 3-62 所示。单击视图控制区中的（所有视图最大化显示）按钮。

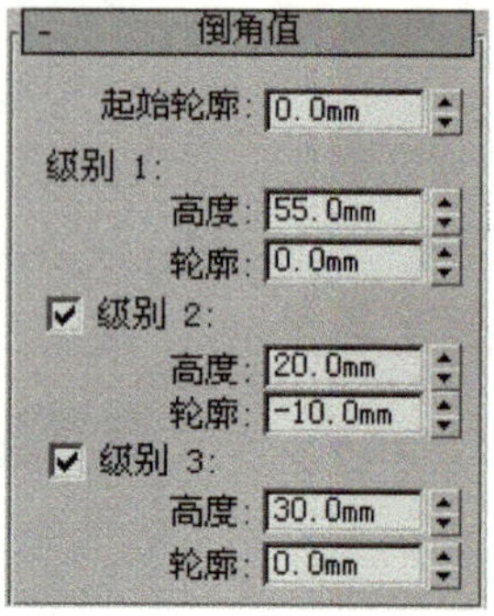

图 3-62　圆的倒角参数

步骤 4 按住 <Shift> 键原地复制一个灯罩，激活前视图，均匀放大其中一个灯罩，命名为“灯罩 2”。单击（创建）/（几何体）按钮，在如图 3-33 所示的下拉列表中选择“复合对象”，单击 布尔 按钮，打开 拾取布尔 ，执行 拾取操作对象 B 命令，在前视图中单击灯罩 1，大致造型如图 3-63 所示，并命名为“灯罩 3”。

步骤 5 单击（创建）/（几何体）/ 长方体 （长方体）按钮，在前视图中单击鼠标左键并拖动创建一个长方体，如图 3-64 所示。

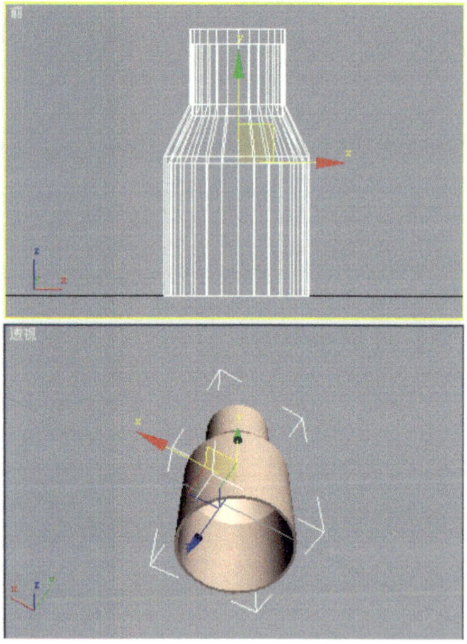

图 3-63　布尔运算后的效果

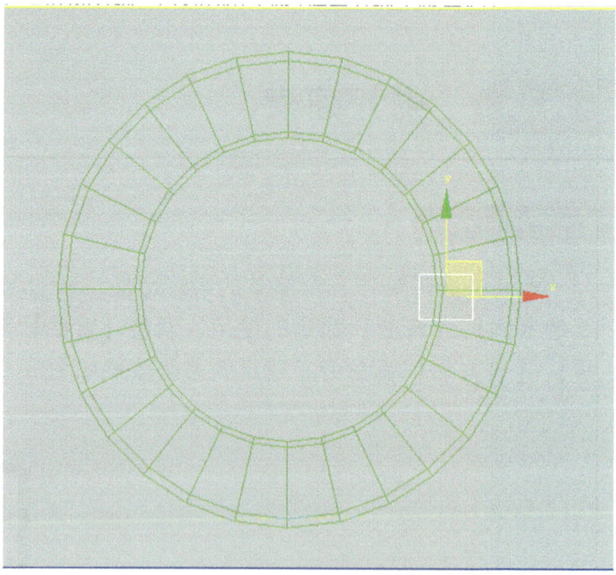

图 3-64　创建长方体

步骤 6 右键激活顶视图，将步骤 5 创建的长方体执行环形阵列操作，在“附加”工具中找到（阵列）命令，左键单击工具栏上的 视图 （参考坐标系）下拉栏，选取“拾取”选项，然后在顶视图中单击作为旋转中心的对象，即灯罩，鼠标左键按住（使用轴点中心）激活（使用变换坐标中心）命令，选中长方体，打开“阵列”对话框，阵列参数如图 3-65 所示，阵列后的效果如图 3-66 所示。

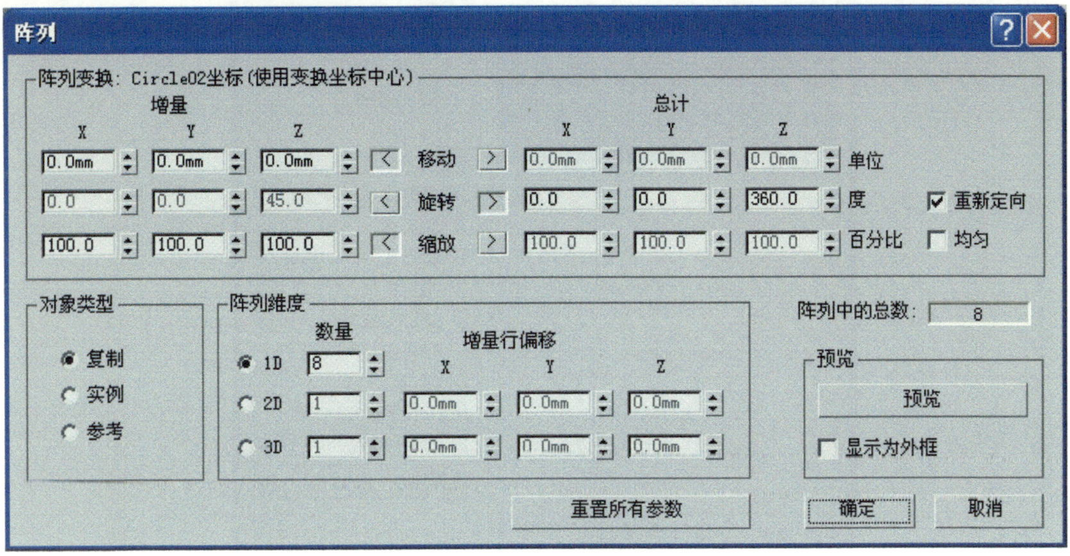

图 3-65　阵列参数

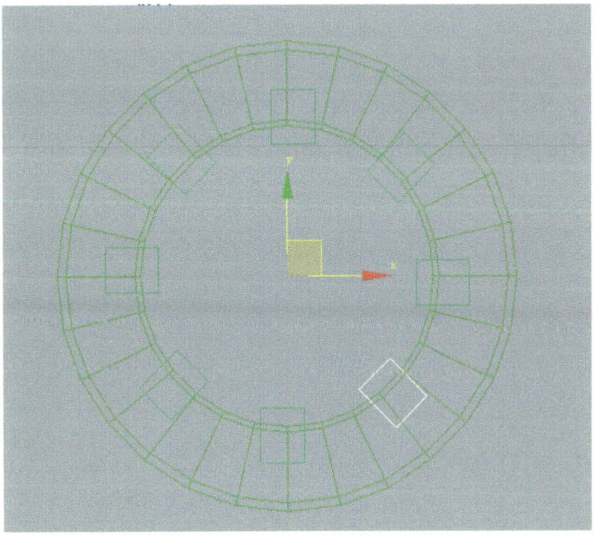

图 3-66　阵列后效果

射灯之灯罩建模

温馨小提示：

环形阵列可以参照实例 2-5 手串中的步骤 3 和步骤 4。

步骤 7　单击 编辑网格 / 编辑几何体 / 附加列表 按钮，在附加列表对话框中选择所有阵列得到的长方体，如图 3-67 所示。

步骤 8　选中灯罩 3，单击（创建）/（几何体）按钮，在如图 3-33 所示的下拉列

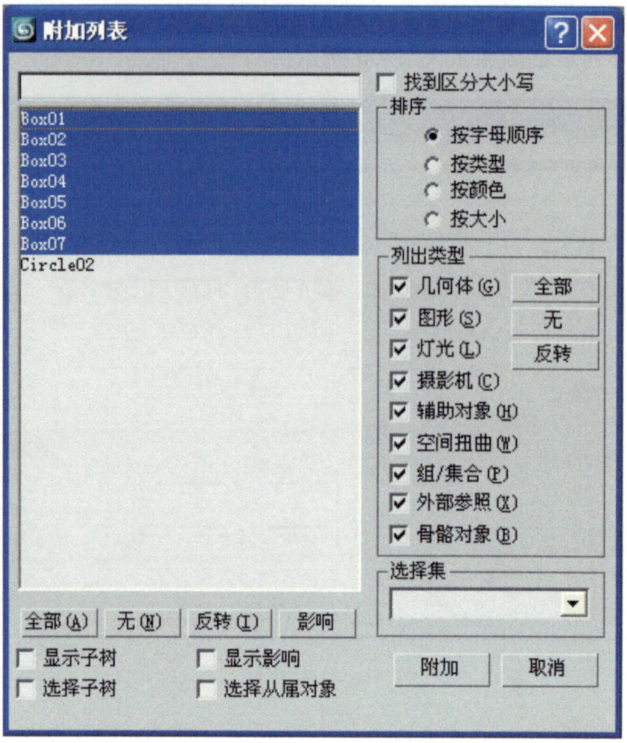

图 3-67　附加列表

表中选择“复合对象”，单击 布尔 按钮，打开 拾取布尔 ，执行 拾取操作对象 B 命令，在顶视图中单击附加在一起的所有长方体，得到大致造型如图 3-68 所示，并命名为“灯罩”。

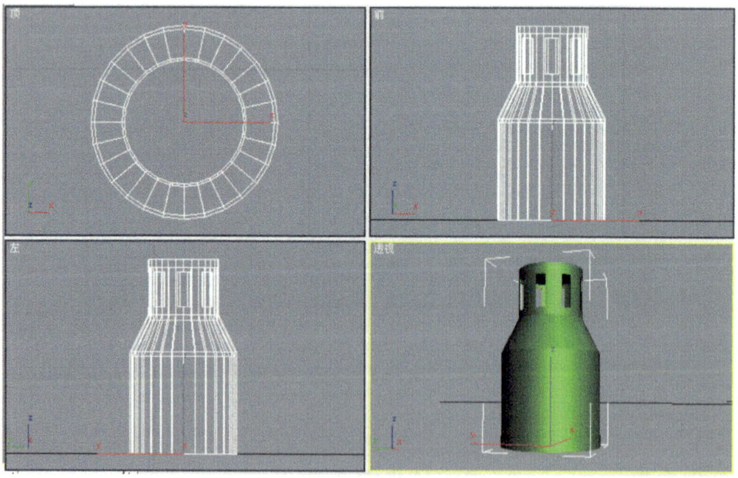

图 3-68　灯罩造型

步骤 9　单击（创建）/（几何体）按钮，在如图 3-33 所示的下拉列表中选择“扩展基本体”，单击 胶囊 按钮，在顶视图创建一个半径为“6”、高度为“120”、高度分段为“40”的胶囊，执行“弯曲”操作，并将弯曲中心调整为胶囊中心的位置，如图 3-69所示，弯曲参数如图 3-70 所示。将其命名为“灯管”，灯管造型如图 3-71 所示，并将其旋转 90°。

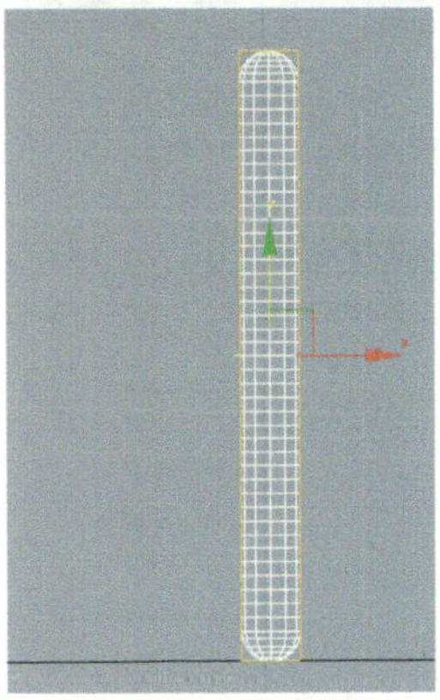

图 3-69　调整弯曲中心

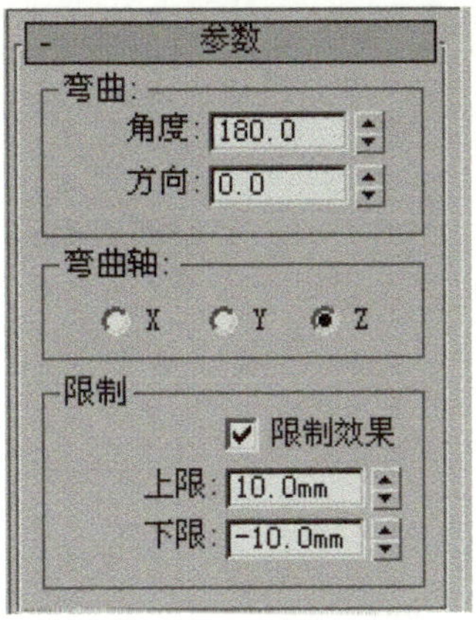

图 3-70　弯曲参数

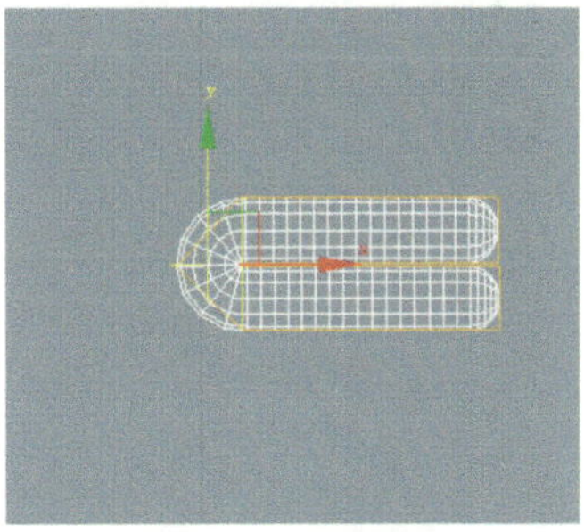

图 3-71　灯管造型

步骤 10 将灯管移动到合适的位置，如图 3-72 所示。

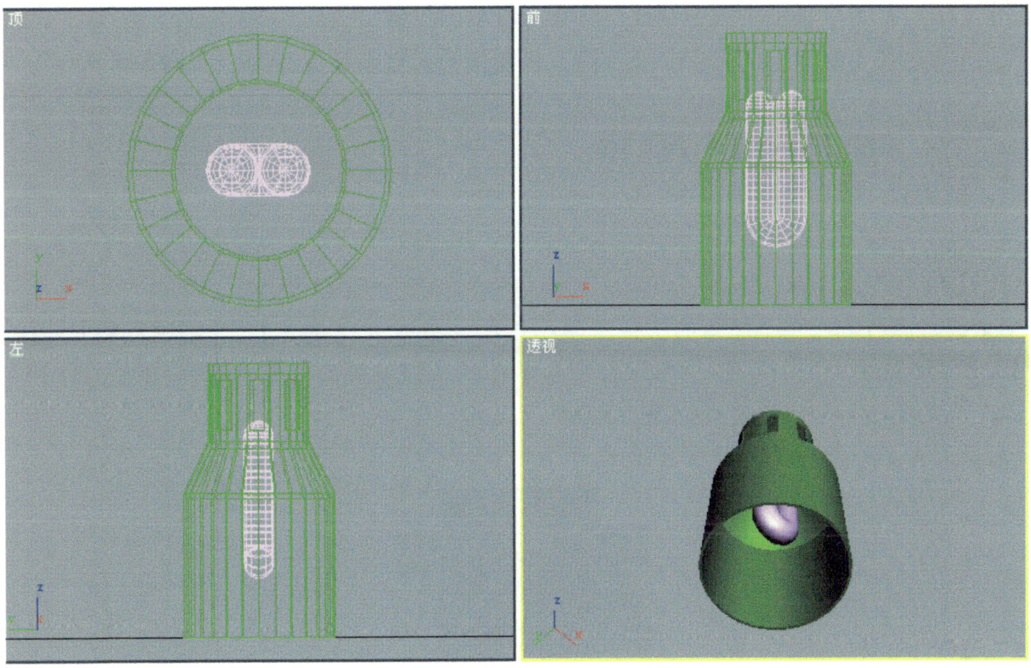

图 3-72　灯管与灯罩的位置关系

步骤 11 单击（创建）/（几何体）按钮，在如图 3-33 所示的下拉列表中选择“扩展基本体”选项，单击 L-Ext 按钮，在前视图中创建一个 L-Ext 体，其参数如图 3-73所示，并将其命名为“固定轴”。

步骤 12 将固定轴移动到合适的位置，如图 3-74 所示。

步骤 13 激活左视图，创建一个切角圆柱体作为固定轴与灯罩相连接的螺栓。该螺栓的参数如图 3-75 所示。

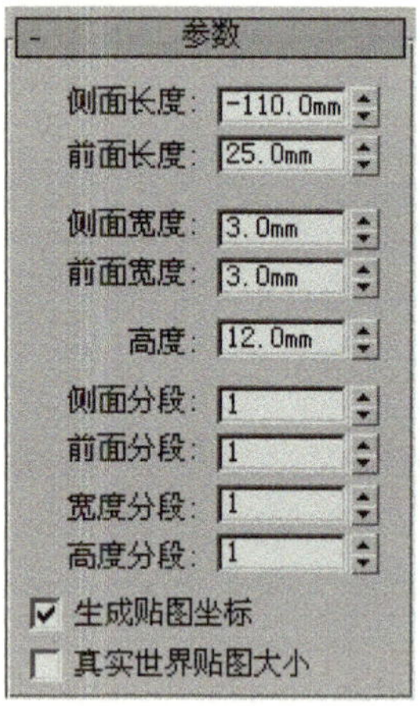

图 3-73 L-Ext 参数

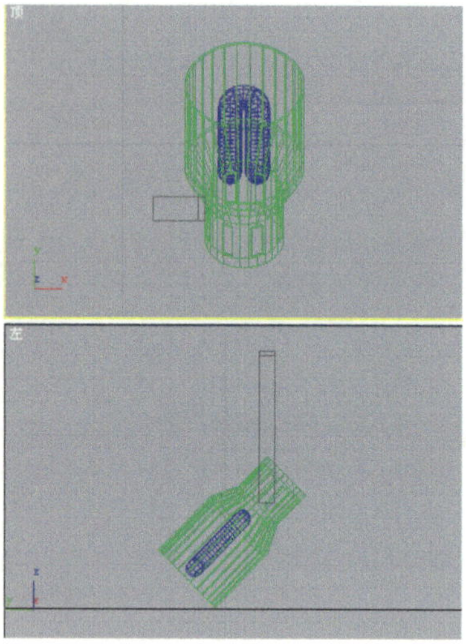

图 3-74 固定轴位置

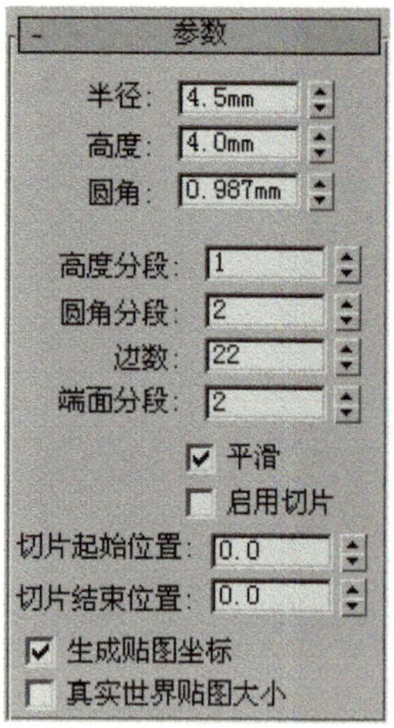

图 3-75 切角长方体参数

步骤 14 在各个视图中调整螺栓、灯管与灯罩的位置。

步骤 15 按下键盘上的 < Ctrl + S > 键，将制作的射灯造型保存为“实例 3-9. max”。

任务 10 床与床头柜建模

任务描述：

本任务通过制作一个简单的床与床头柜造型，来学习【倒角】、【编辑网格】、【布尔】、【扩展基本体】、【FFD 长方体】命令的使用，以及复习【圆柱体】、【长方体】等命令。床与床头柜的最终效果如图 3-76 所示。

床建模

床头柜建模

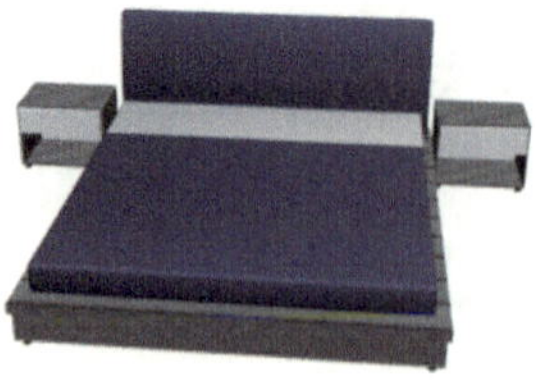

图 3-76 床与床头柜的最终效果

任务实施：

步骤 1 启动 3ds Max 软件，将单位设置为“毫米”。

步骤 2 将修改器中的“编辑网格”“编辑样条线”“车削”“倒角”“挤出”“晶格”“弯曲”“锥化”“FFD（长方体）”“UVW 贴图”命令拖到修改命令按钮上。

步骤 3 在前视图中创建一个“400×550×400”的长方体，命名为“柜体 1”，按住<Shift>键原地复制，命名为“柜体 2”，修改柜体 2 的参数为“370×520×400”，顶视图中锁定 y 轴移动柜体 2，柜体 1 与柜体 2 的位置关系如图 3-77所示。

图 3-77 柜体 1 与柜体 2 的位置关系

步骤 4 选择柜体 1，单击（创建）/（几何体）按钮，在如图 3-33 所示的下拉列表中选择“复合对象”选项，单击 布尔 按钮，打开 拾取布尔，单击 拾取操作对象 B 按钮，在顶视图中单击柜体 2，大致造型如图 3-78 所示，命名为“柜体”。

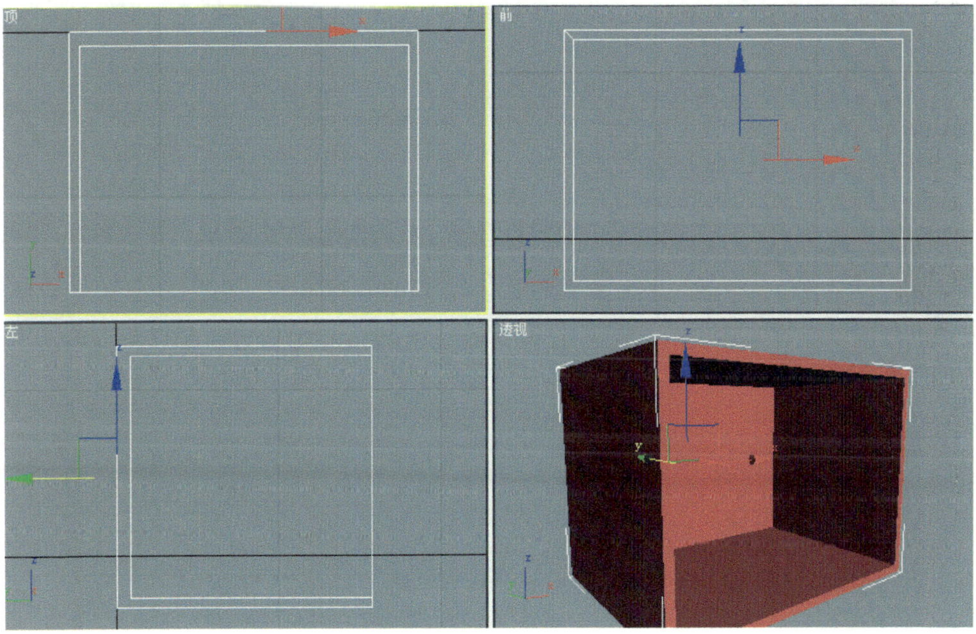

图 3-78 各个视图中的柜体形态

步骤 5 在前视图中创建一个“160×520×420”的长方体，命名为抽屉并移动到合适的位置。在顶视图中创建一个半径为“20”、高度为“－30”、高度分段与断面分段都为“1”的圆柱体作为床头柜的柜腿，并命名为“柜腿”，将其移动到合适的位置。按住<Shift>键，沿 x 轴拖动到合适的位置释放鼠标，执行实例复制，同理，同时选择两个柜腿，沿 y 轴复制一组，如图 3-79 所示。

步骤 6 在顶视图创建一个“2300×2000”的矩形，执行 倒角 （倒角）操作，倒角参数如图 3-80 所示。将其命名为“床架”。单击视图控制区中（所有视图最大化显示）按钮。

步骤 7 单击（创建）/（几何体）按钮，在如图 3-33 所示的下拉列表中选择“复合对象”选项，创建一个“2100×1900×150”，圆角为“20”的切角长方体，命名为“床垫”。

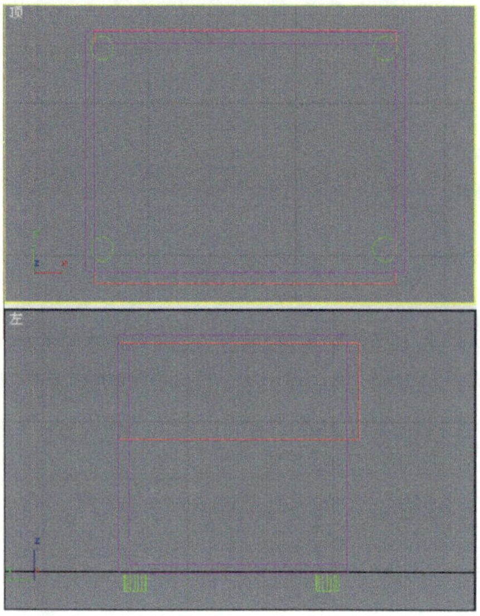

图 3-79　床头柜的形态

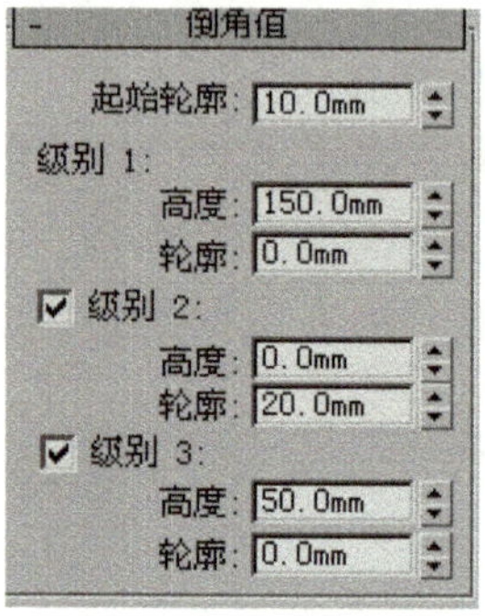

图 3-80　床架倒角参数

步骤 8 在左视图中再次创建一个切角长方体，参数如图 3-81 所示，并命名为“床头”。

步骤 9 单击（修改）/ FFD(长方体) 按钮，将点数设置为“6×2×2”，即与床头切角长方体的分段数保持一致。进入 FFD 长方体的“控制点”子项，在左视图中调整床头的形态，如图 3-82 所示。

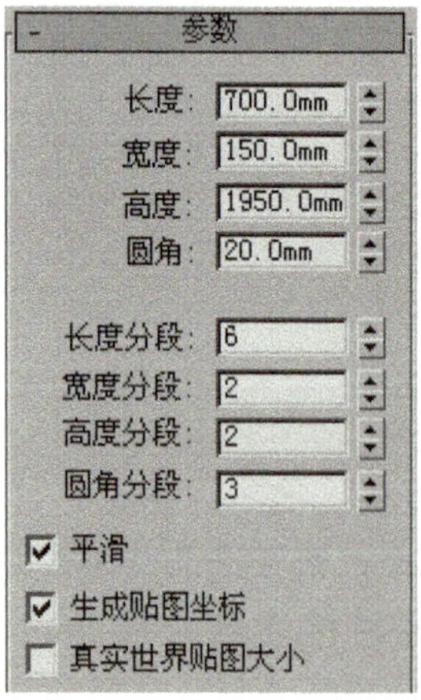

图 3-81　床头参数

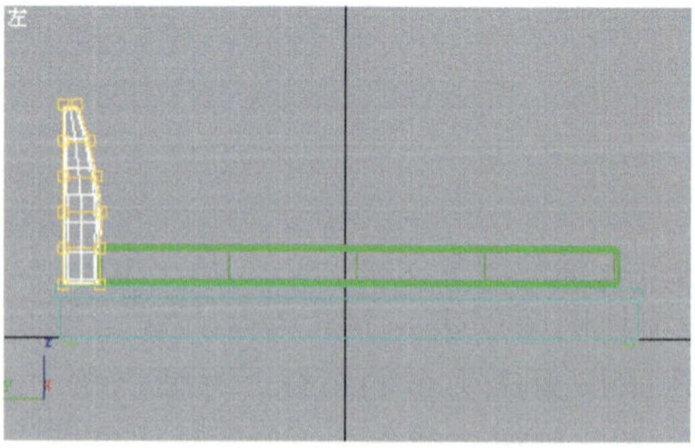

图 3-82　床头形态

步骤 10 关闭“控制点”子项，按下键盘上的 <Ctrl+S> 键，将制作的床与床头柜造型保存为“实例 3-10. max”。

【项目总结】

通过本项目的学习与实践，应熟练掌握线形的基本绘制方法及修改方法，按住键盘中的<Shift>键可以绘制水平或垂直的直线，掌握【渲染】卷展栏下各项参数的功能；通过绘制标准的二维线形，配合适当的命令，比如【车削】、【倒角】、【倒角剖面】、【放样】等命令制作出逼真的三维模型。

【素养提升】

美学美育

精美的铁艺品以独特的艺术魅力和环保、安全的特性，正日益被人们普遍接受和喜爱。在城市与乡村，在公共建筑与私宅，或现代，或古典，到处都可以看到形式各异、美轮美奂的金属铁艺护栏（图 3-83）。在大力强调环保性和通透性的背景下，我国的建筑装饰行业、城市环境整治工作以及家庭装饰中，都大量采用了铁艺护栏。这一令人喜爱的艺术形式，因其特点鲜明、风格质朴、经济实用、工艺简便，在现代装饰中占有一席之地。

我们要善于发现生活中的美，并学会运用美。

图 3-83 铁艺护栏

项目四 高级建模

【项目概述】

高级建模相对于前面讲述的一些命令要复杂得多，而且功能也非常强大，可用于制作一些曲面的、复杂的造型。本项目通过制作卫浴套装、玻璃吊灯、卧室天花、方格天花、栅格天花、金属吊顶等比较复杂的造型来学习与实践高级建模的方法及思路。

【学习目标】

通过本项目制作一些复杂造型的学习与实践，应达到以下目标：

1. 掌握【可编辑多边形】命令的使用。

2. 掌握【顶点】、【多边形】及【倒角】、【切角】、【网格平滑】命令的使用与参数的调整。

3. 养成不断钻研、勇于创新的职业精神。

任务1 卫浴套装建模

任务描述：

本任务通过制作一个简单的卫浴套装造型，来学习二维图形如何转换为【可编辑多边形】，以及如何调整【倒角】和【网格平滑】的参数。卫浴套装的最终效果如图4-1所示。

图4-1 卫浴套装的最终效果图

任务实施：

步骤 1 启动 3ds Max 软件，将单位设置为“毫米”。

步骤 2 激活顶视图，单击（创建）/（几何体）/ 长方体 （长方体）按钮，在顶视图中单击鼠标左键并拖动创建一个长方体，作为“洗脸盆”。

步骤 3 修改该长方体的各个参数如图 4-2 所示，再单击视图控制区中的（所有视图最大化显示）按钮，效果如图 4-3 所示。

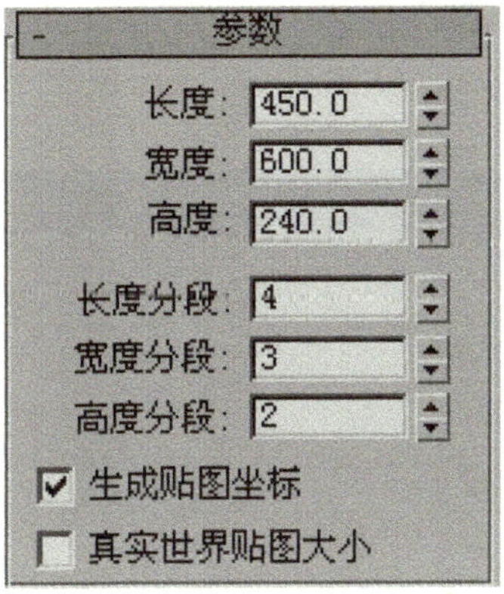

图 4-2 长方体的各个参数

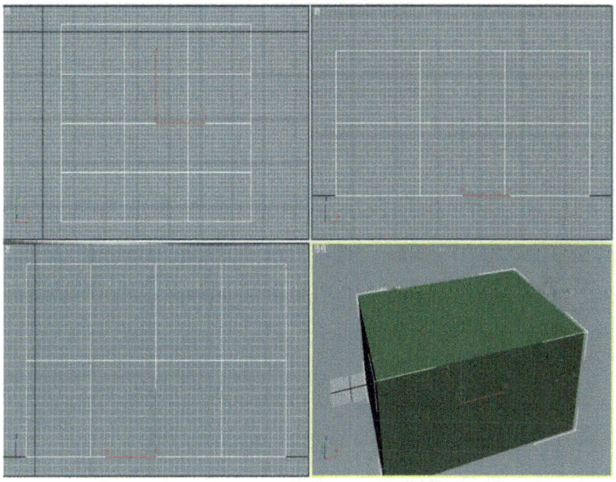

图 4-3 长方体在各个视图中的形态

步骤 4 激活透视图，在创建的长方体上单击鼠标右键，选择“转换为可编辑多边形”，如图 4-4 所示。

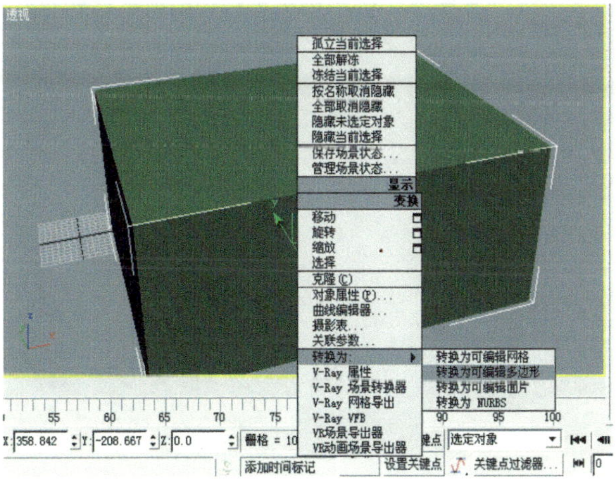

图 4-4 转换为可编辑多边形

步骤 5 激活顶视图，在修改面板上选择可编辑多边形命令中的（顶点）按钮，框选可编辑的顶点进行位置的移动，最终效果如图 4-5 所示。

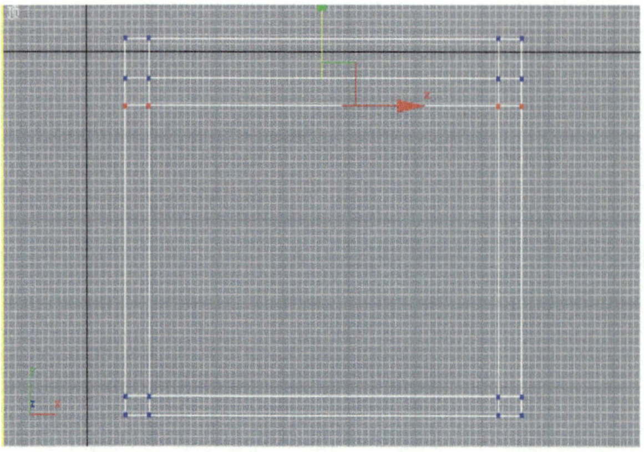

图 4-5　编辑多边形各个顶点效果

步骤 6 激活顶视图，选择可编辑多边形命令中的（多边形）按钮，点选长方体，进行倒角，参数如图 4-6 所示。

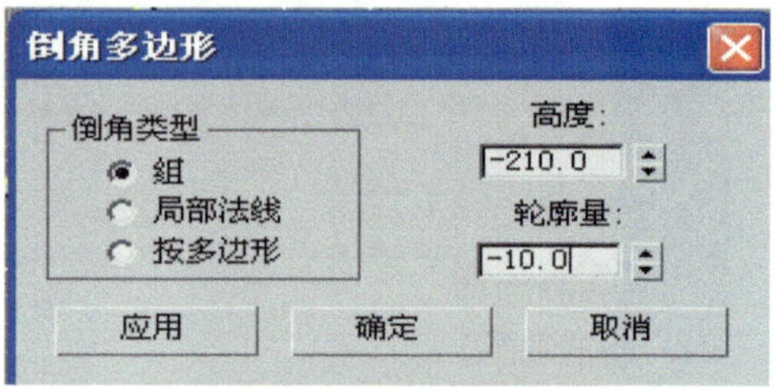

图 4-6　倒角多边形参数

步骤 7 单击（修改）按钮，进入修改面板，单击 网格平滑 命令进行网格平滑，迭代次数改为“3”或“4”，效果如图 4-7 所示。

步骤 8 激活顶视图，单击（创建）/（几何体）/ 管状体 按钮，创建一个管状体作为“水龙头”，其参数如图 4-8 所示。

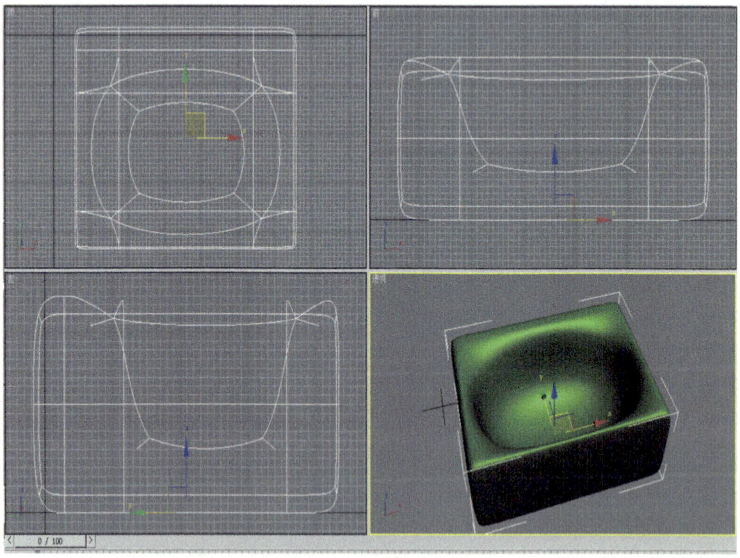

图 4-7　洗脸盆平滑后的效果

步骤 9 单击（修改）/（配置修改器集）按钮，勾选“显示按钮”选项，同时，在“配置修改器集”选项上单击鼠标左键，弹出“配置修改器集”对话框，将修改器中的“弯曲”命令拖到修改命令按钮上。

步骤 10 激活前视图，选中步骤 8 中创建的管状体，单击 弯曲 命令，将弯曲角度改为“180”，并限制效果，参数如图 4-9 所示。弯曲后的管状体效果如图 4-10 所示。

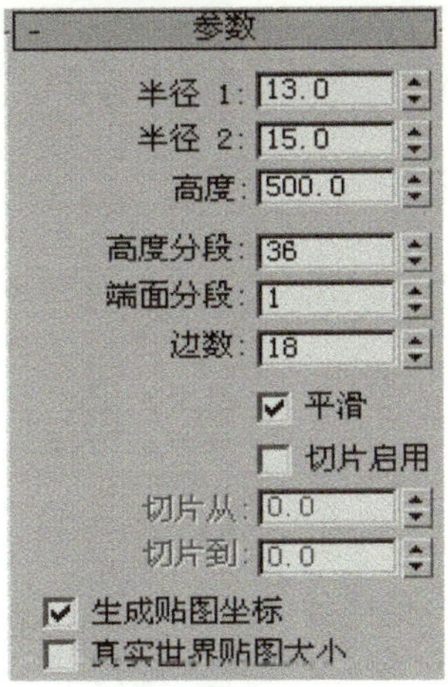

图 4-8 水龙头参数

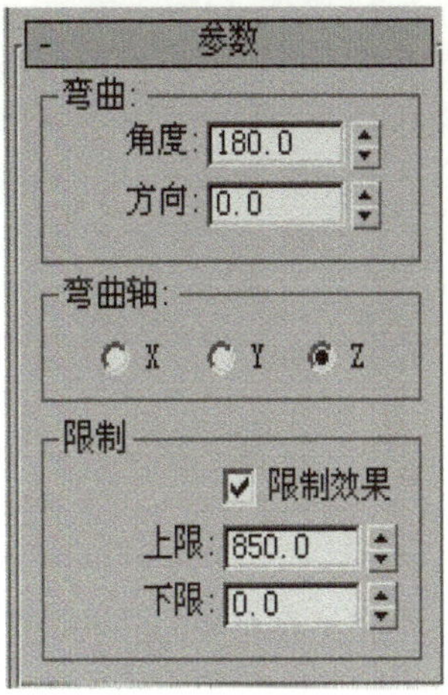

图 4-9 弯曲参数

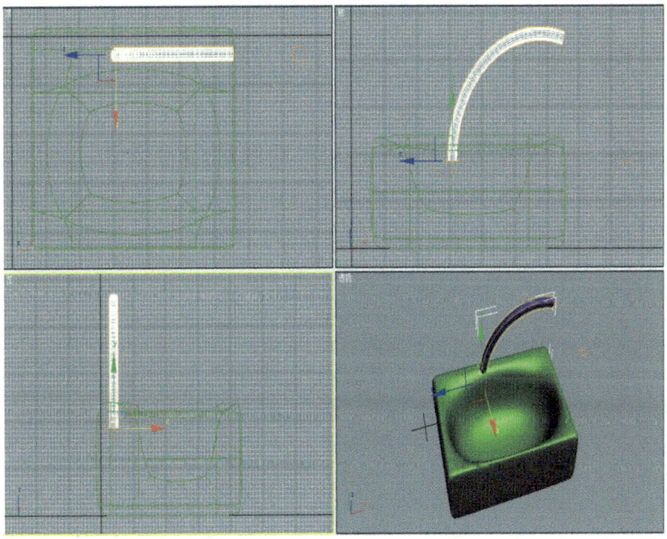

图 4-10 管状体弯曲效果图

步骤 11 单击弯曲管状体（bend）的中心选项，锁定 y 轴修改其中心位置到合适位置，并重新限制效果，水龙头效果如图 4-11 所示。

步骤 12 激活前视图，将步骤 11 制作完成的水龙头右键转换为“可编辑多边形”，选择可编辑多边形命令中的（多边形）按钮，选择水龙头最下面的一个面，进行“分离”操作，可以对分离的对象进行重命名，比如“d”作为水龙头的“底座”。

步骤 13 选择对象“d”，并选择命令，对其进行均匀缩放，然后选择可编辑多边形命令中的（边界）按钮，对水龙头底座“d”进行封口操作。

步骤 14 激活前视图，选择可编辑多边形命令中的（多边形）按钮，

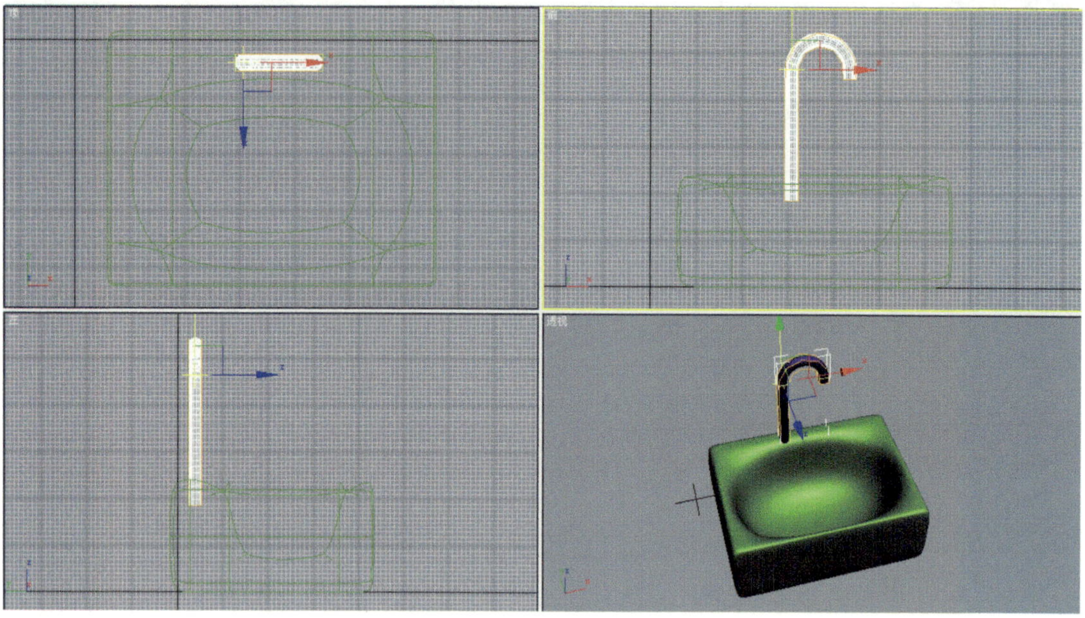

图 4-11　水龙头效果图

选择水龙头下面的三个面，进行“分离”操作，可以对分离的对象进行重命名，比如“b”作为水龙头的“把手”。

步骤 15 选择对象“b”，并选择命令，对其进行均匀缩放，然后选择可编辑多边形命令中的（边界）按钮，对水龙头把手“b”进行封口操作。

步骤 16 激活左视图并将其最大化显示，选择可编辑多边形命令中的（多边形）按钮，在对象“b”上选择两个面，进行挤出操作，如图 4-12 所示。

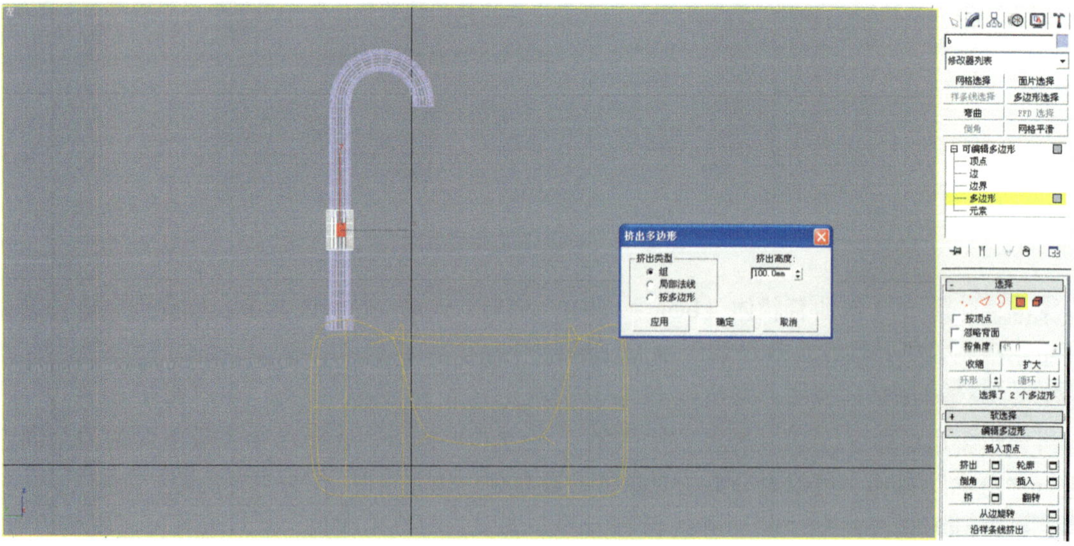

图 4-12　挤出水龙头把手

步骤 17 按下键盘上的 <Ctrl + S> 键，将制作的卫浴套装造型保存为“实例 4-1. max”。

实训 1：卫生间柜子

仿照上述操作方法做一个卫生间的柜子，其中，柜子参数为“450 × 750 × 420”，分段为“1 × 3 × 6”，将其转换为“可编辑多边形”，选择抽屉面进行挤出修改，最终效果如图 4-13所示。

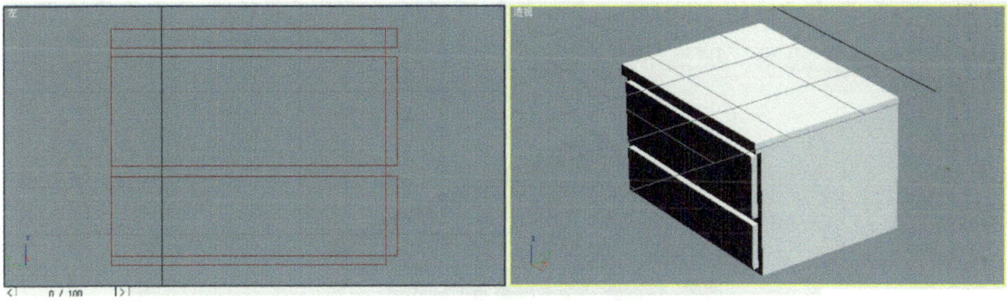

图 4-13　卫生间柜了

实训 2：咖啡杯

利用可编辑多边形、桥、封口以及涡轮平滑命令制作咖啡杯，最终效果如图 4-14 所示。其中，杯体参数为“75 × 75 × 90”，分段为“4 × 4 × 5”，转换为可编辑多边形后进行切角命令，制作杯把时，先利用线命令绘制出杯把形状，然后将杯体沿样条线挤出多边形，然后利用桥命令将杯把与杯体焊接为一体，删除杯体上面的面进行封口、倒角命令，最后进行涡轮平滑命令得到最终效果。

图 4-14　咖啡杯

实训 3：吸顶灯与筒灯

顶视图中绘制一个圆柱体，参数如图 4-15 所示，转换为可编辑多边形后将底边进行多次倒角得到最终效果，同理可得筒灯，最终效果如图 4-16 所示。

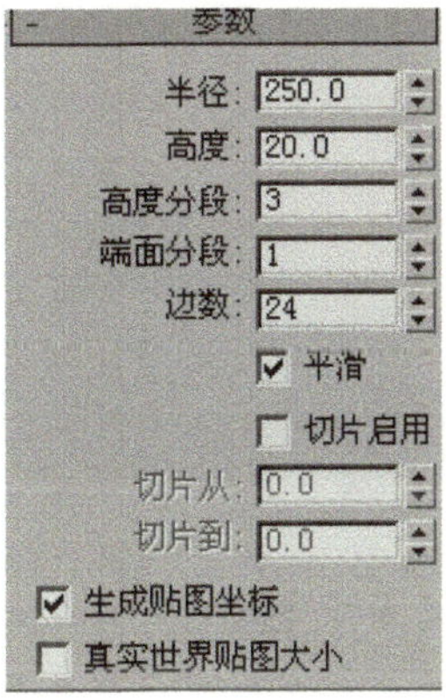

图 4-15　圆柱体参数

图 4-16　吸顶灯与筒灯

任务 2　玻璃吊灯建模

任务描述：

本任务主要使用【可编辑多边形】、【倒角】命令来制作玻璃吊灯，目的是让读者对精简建模有一个清晰的思路。玻璃吊灯的效果如图 4-17 所示。

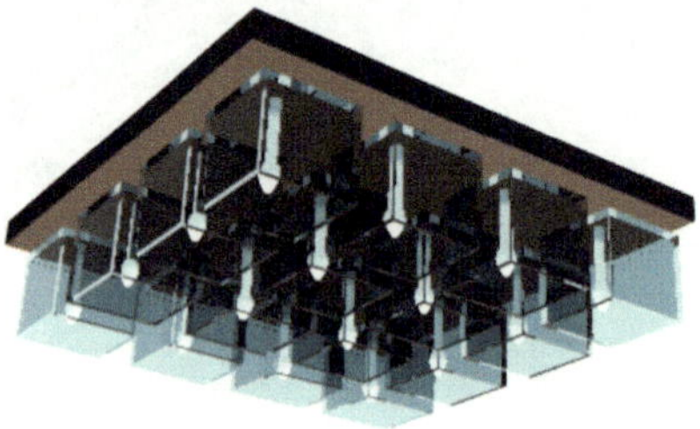

图 4-17　玻璃吊灯的最终效果图

任务实施：

步骤 1　启动 3ds Max 软件，将单位设置为“毫米”。

步骤 2　激活顶视图，单击（创建）/（几何体）/ 长方体 （长方体）按钮，在顶视图中单击鼠标左键并拖动创建一个长方体作为玻璃吊灯的“灯座”，参数及形态如图 4-18所示。

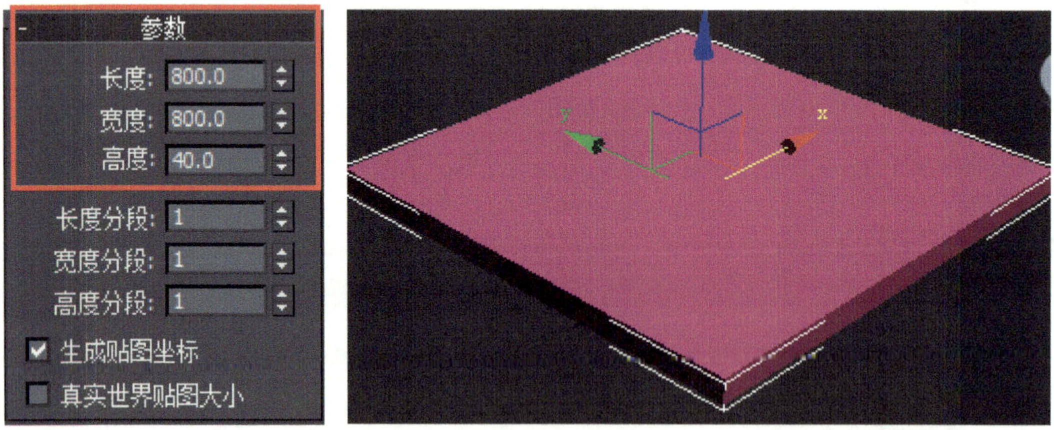

图 4-18　创建的长方体参数及形态

步骤 3　激活透视图，在创建的长方体上单击鼠标右键，选择“转换为可编辑多边形”，选择可编辑多边形命令 中的（多边形）按钮，选择长方体底部的面，

单击 倒角 （倒角）命令右侧的按钮，在弹出的对话框中设置参数单击“确定”按钮，如图 4-19 所示。

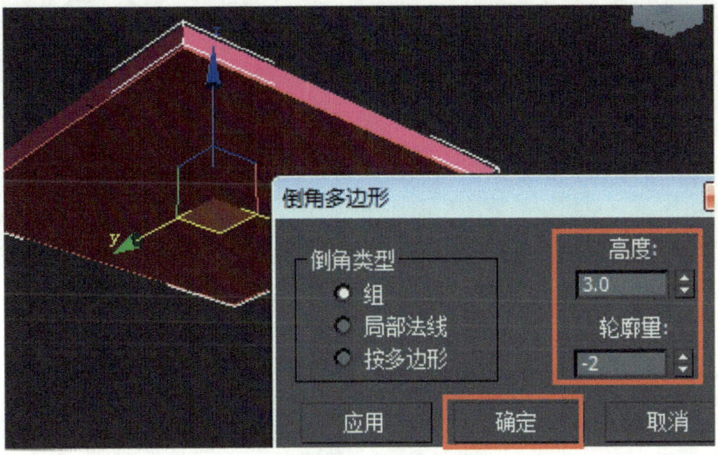

图 4-19　对灯座底面进行倒角

步骤 4 选择顶部的面，再执行“倒角”命令，第一次将轮廓数量设置为“－100”，单击“应用”按钮，再输入高度为“40”，单击“确定”按钮，如图 4-20 所示。

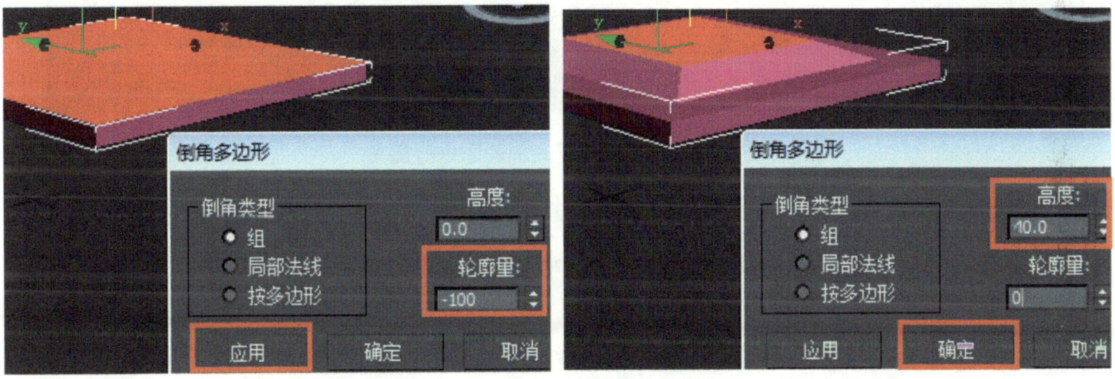

图 4-20　对顶部的面执行倒角命令

温馨小提示：

在对话框中需要将数值修改为“0”的时候，可以直接在数值框右侧的黑色三角箭头上单击鼠标右键，就可以快捷地将数值更改为“0”。

步骤 5 激活顶视图，创建一个“150×150×140”的长方体作为“玻璃灯罩”，位置如图 4-21 所示。

步骤 6 将长方体转换为“可编辑多边形”，选择可编辑多边形命令 中的（多边形）按钮，在透视图中选择玻璃灯罩底部的面，单击 倒角 （倒角）命令右侧的按钮，在弹出的对话框中设置参数，第一次将轮廓量设置为“－8”，单击“应用”按钮，再次输入高度“－130”，单击“确定”按钮，如图 4-22 所示。

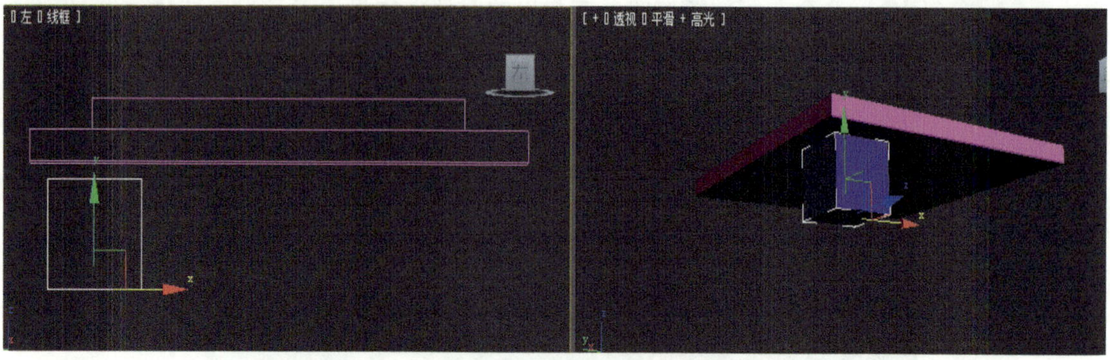

图 4-21　长方体玻璃灯罩的位置

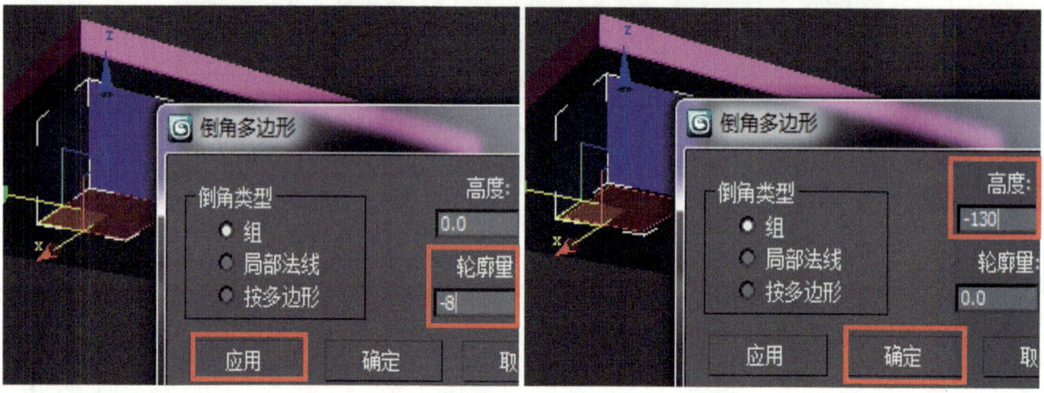

图 4-22　对玻璃灯罩底部的面进行倒角

步骤 7 激活顶视图，单击（创建）/（几何体）/圆柱体（圆柱体）按钮，在玻璃灯罩的中间单击鼠标左键并拖动创建一个圆柱体作为玻璃吊灯的“灯泡”，位置及参数如图 4-23 所示。

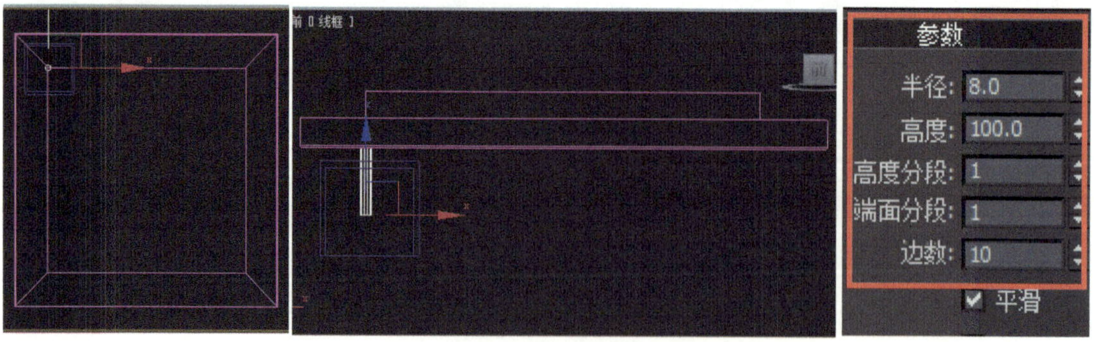

图 4-23　圆柱体灯泡的位置及参数

步骤 8 将圆柱体转换为“可编辑多边形”，选择可编辑多边形命令中的（多边形）按钮，在透视图中选择圆柱体底部的面，执行多次倒角，如图 4-24 所示。

步骤 9 在顶视图中选中灯罩和灯泡，复制多个，如图 4-25 所示。

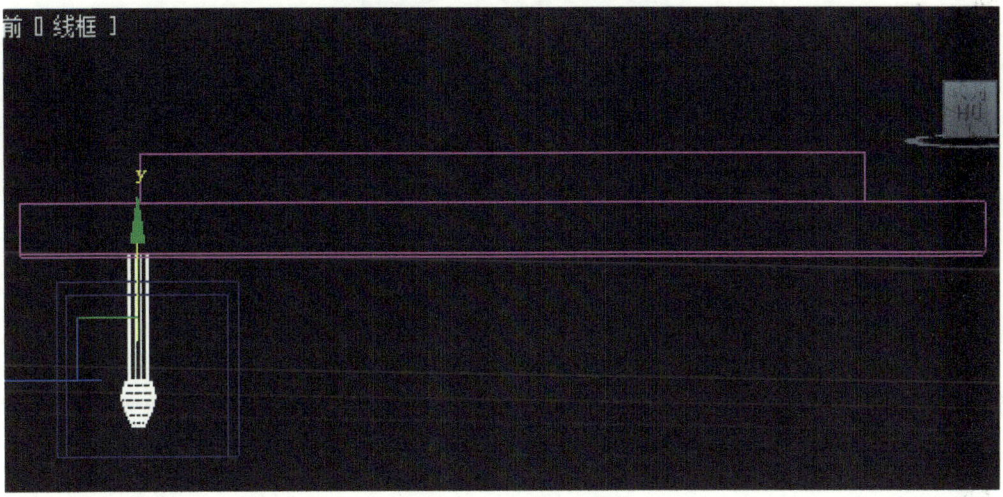

图 4-24 制作的灯泡

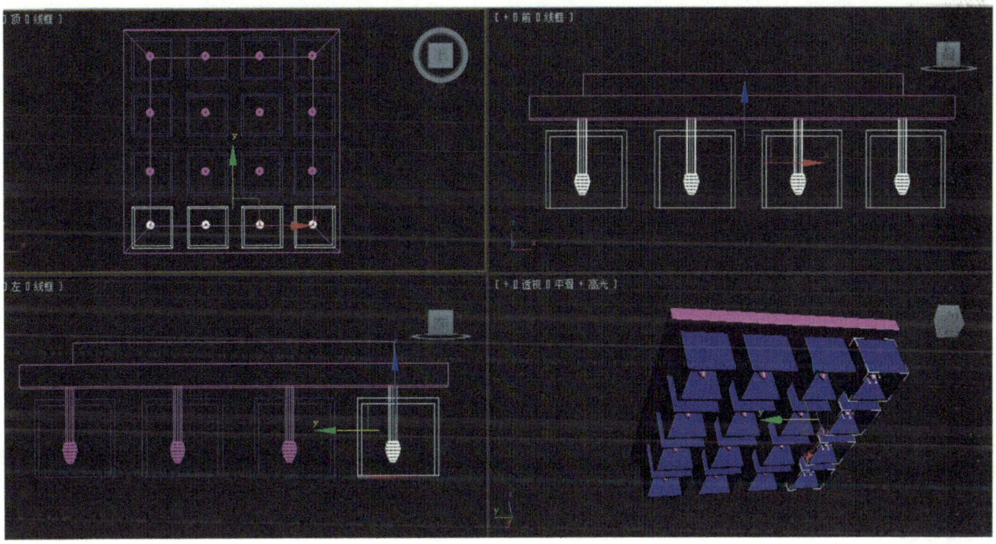

图 4-25 复制灯罩和灯泡后的效果

步骤 10 将制作的造型保存起来，文件命名为“实例 4-2. max”。

任务 3 卧室天花建模

任务描述：

本任务使用【可编辑多边形】、【倒角】命令制作卧室天花，通过设计不同的天花造型来熟练使用该命令，掌握其中的技巧。卧室天花的效果如图 4-26 所示。

图 4-26　卧室天花的最终效果图

任务实施：

步骤 1 启动 3ds Max 软件，将单位设置为“毫米”。

步骤 2 激活顶视图，单击（创建）/（几何体）/ 长方体 （长方体）按钮，在顶视图中单击鼠标左键并拖动创建一个长方体作为卧室的“空间”，参数及效果如图 4-27 所示。

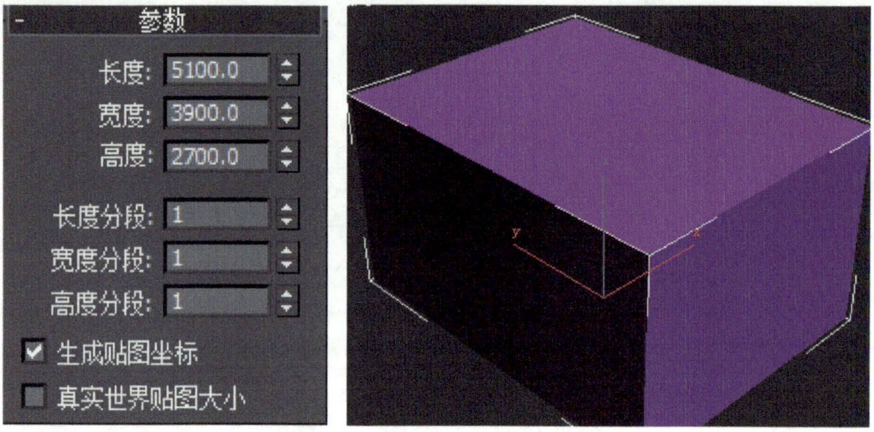

图 4-27　长方体参数及效果

步骤 3 激活透视图，在创建的长方体上单击鼠标右键，选择“转换为可编辑多边形”。选择可编辑多边形命令中的（元素）按钮，选中创建的长方体进行 翻转 （翻转），为了方便观察，我们右键勾选“对象属性”下的“背面消隐”复选框，如图 4-28 所示。

温馨小提示：

创建长方体时，翻转是建立模型很好的方法，可以将整个空间的墙面、地面、顶全部创建出来，方法与线形挤出差不多。

步骤 4 激活透视图，选择（可编辑多边形）中的（多边形）按钮，选择卧室墙体的顶，单击 倒角 （倒角）右侧的按钮，在弹出的对话框中设置参数，第一次将轮廓量设置为“－10”，单击“应用”按钮，再输入高度“－100”，单击“应用”按钮，如图 4-29 所示。

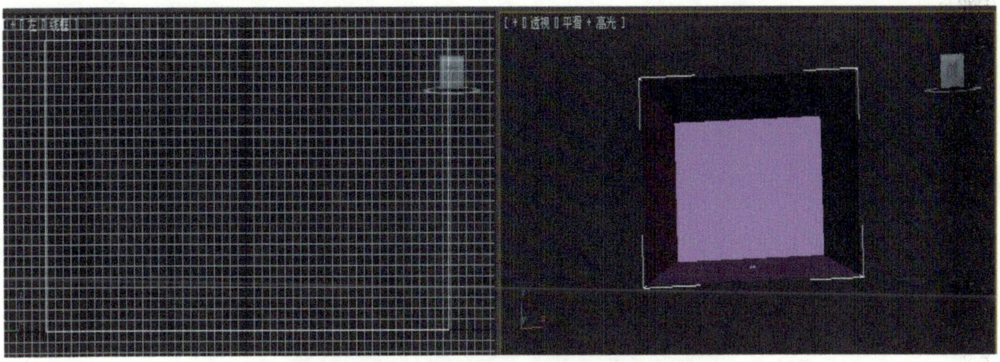

图 4-28　制作的卧室墙体

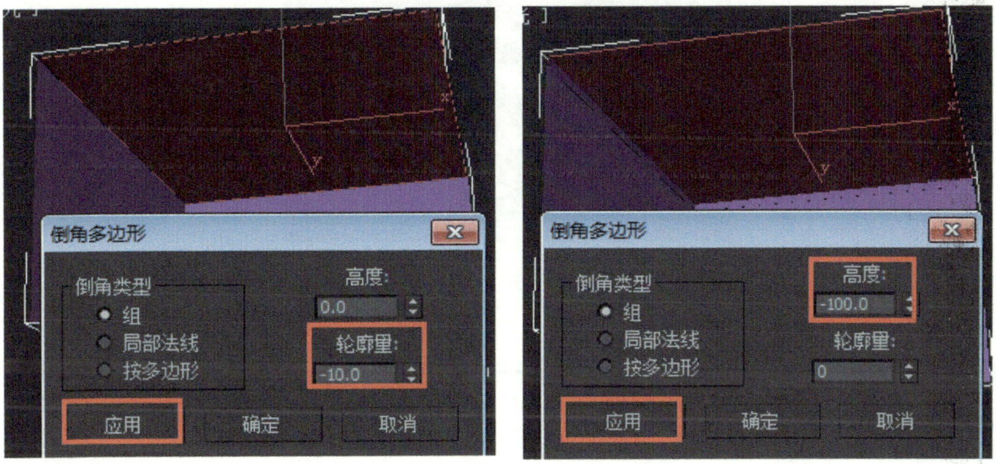

图 4-29　用“倒角”命令制作装饰线

步骤 5　将轮廓量设置为“-200”，继续单击“应用”按钮，最后设置高度为“-20”，单击“确定”按钮即可，如图 4-30 所示。

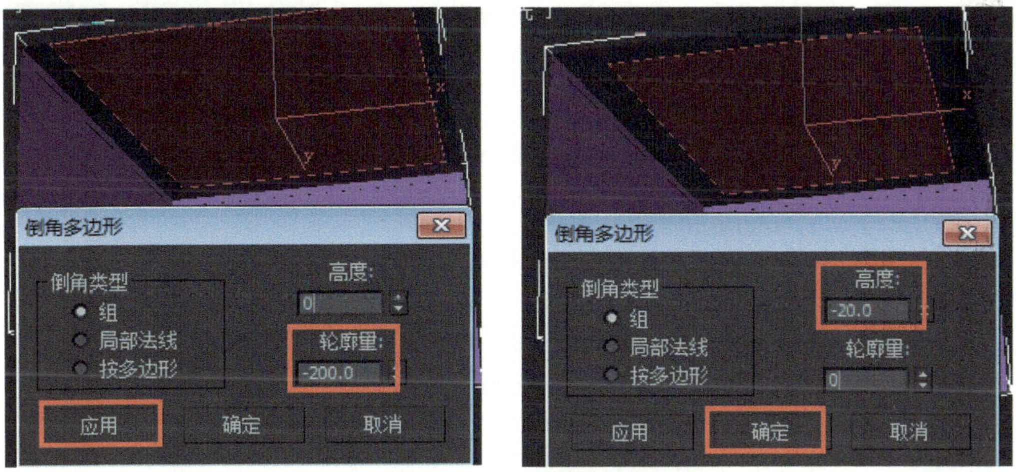

图 4-30　用“倒角”命令制作天花

步骤 6　将制作的造型保存起来，文件命名为“实例 4-3. max”。

任务 4　方格天花建模

任务描述：

本任务通过制作装修中常用到的石膏板方格天花，学习使用【可编辑多边形】、【切角】命令快速制作出需要的模型。方格天花的效果如图 4-31 所示。

图 4-31　方格天花的最终效果图

任务实施：

步骤 1 启动 3ds Max 软件，将单位设置为“毫米”。

步骤 2 激活顶视图，单击（创建）/（几何体）/ 平面 （平面）按钮，在顶视图中单击鼠标左键并拖动创建一个平面，参数及效果如图 4-32 所示，在前视图中将其沿 y 轴镜像，让有面的朝下方。

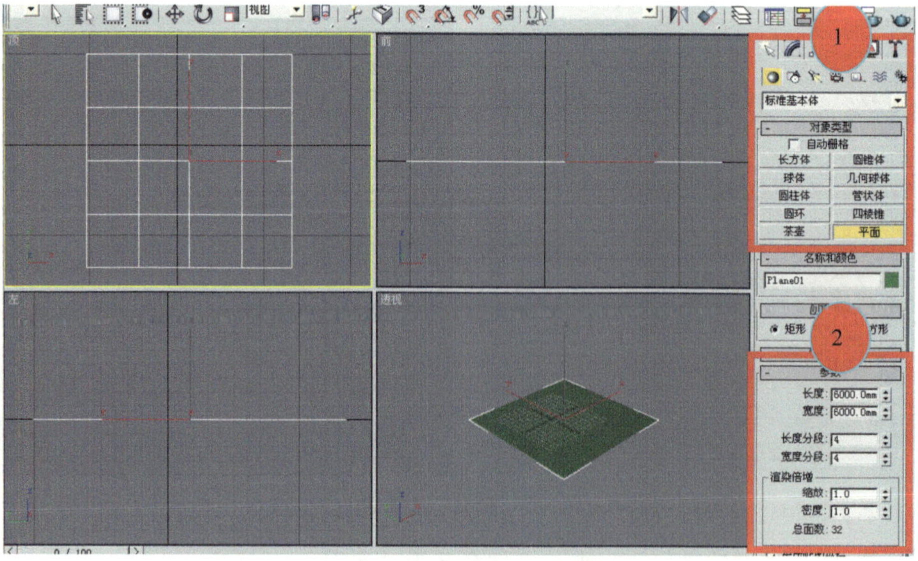

图 4-32　创建的平面参数及效果

温馨小提示：

实际工作中，在制作天花之前可以考虑天花的尺寸及方格的多少，至于段数在后面添加也可以，但不是太方便，因为我们这仅是练习，所以尺寸及段数是随意设置的。

步骤 3 将平面转换为“可编辑多边形”，选择可编辑多边形命令中的（边）按钮，选择四周的 4 条边，单击 切角 右侧的小按钮，在弹出的对话框中设置切角数量为“200”，如图 4-33 所示。

步骤 4 在顶视图中选择中间垂直和水平的 3 条边，对他们进行如步骤 3 的切角处理，效果如图 4-34 所示。

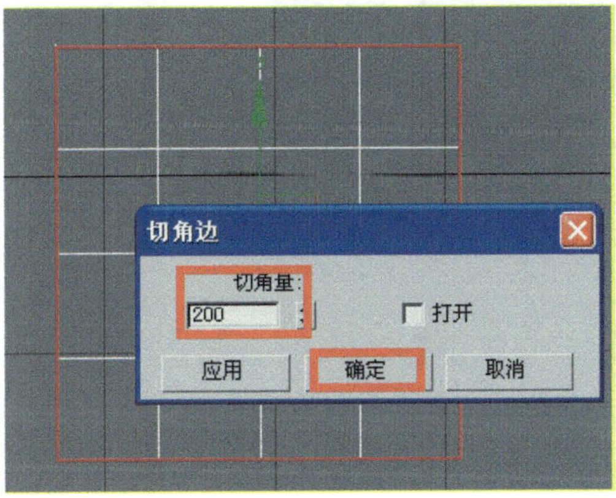

图 4-33 对四周的边进行切角

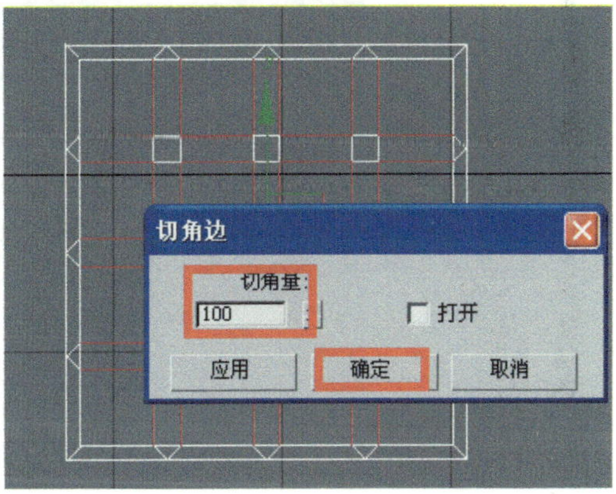

图 4-34 对中间的边进行切角

步骤 5 选择可编辑多边形命令中的（多边形）按钮，选择如图 4-35 所示的多边形，执行 挤出 （挤出）命令，并设置挤出高度为“500”。

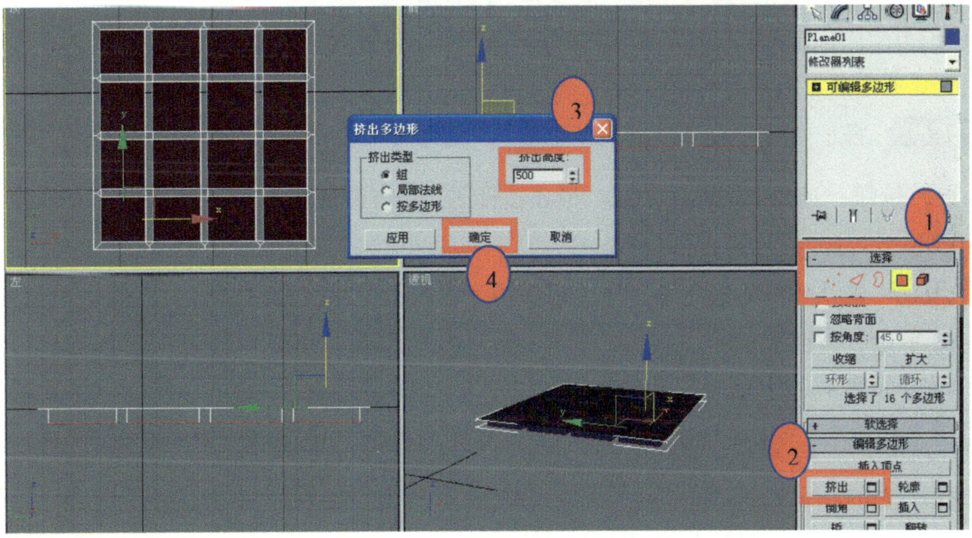

图 4-35 执行“挤出”命令

步骤 6 将文件进行保存，并命名为“实例 4-4. max”。

任务 5 栅格天花建模

任务描述：

本任务使用【可编辑多边形】、【挤出】命令制作栅格圆环天花来学习如何通过不同的物体，并配合不同的编辑命令建模，栅格天花的效果如图 4-36 所示。

图 4-36 栅格天花的最终效果图

任务实施：

步骤 1 启动 3ds Max 软件，将单位设置为“毫米”。

步骤 2 激活顶视图，单击（创建）/（几何体）/（平面）按钮，在顶视图中单击鼠标左键并拖动创建一个平面，参数及效果如图 4-37 所示，在前视图中将其沿 y 轴镜像，让有面的朝下方。

步骤 3 将平面转换为“可编辑多边形”，选择可编辑多边形命令中的（边）按钮，选择四周的 4 条边，单击 切角 右侧的小按钮，在弹出的对话框中设置切角数量为“30”，如图 4-38 所示。

步骤 4 确认外部的边处于选择状态，按下 <Ctrl + I> 组合键，将内部的边全部选择，按住 <Alt> 键，将四周的小边减选，同样进行 切角（切角）处理，设置切角数量为“15”，效果如图 4-39 所示。

步骤 5 选择（可编辑多边形命令）中的（多边形）子象按钮，选择步骤 4 中的小面，执行 挤出（挤出）命令，并设置挤出高度为“40”，作为“栅格吊顶”，然后将中间的大面删除，效果如图 4-40 所示。

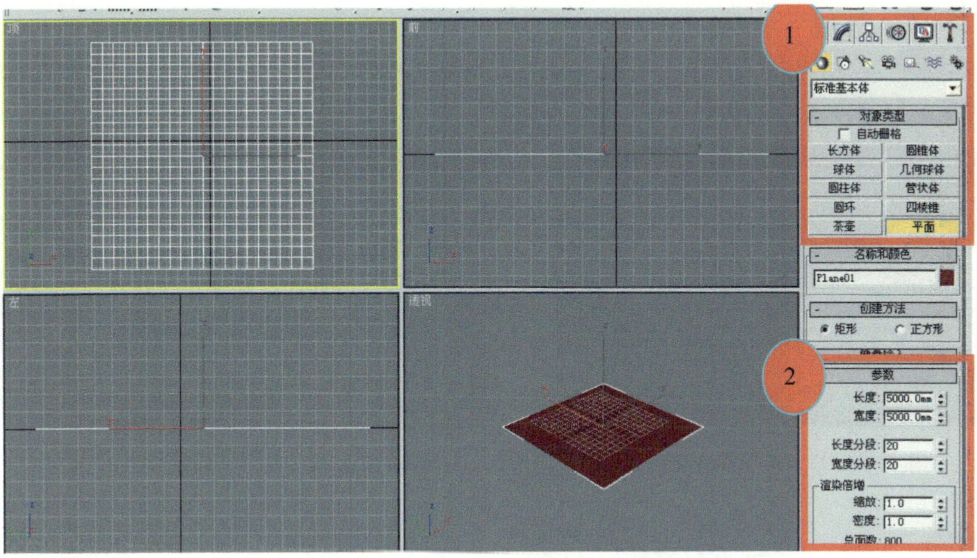

图 4-37 创建的平面参数及效果

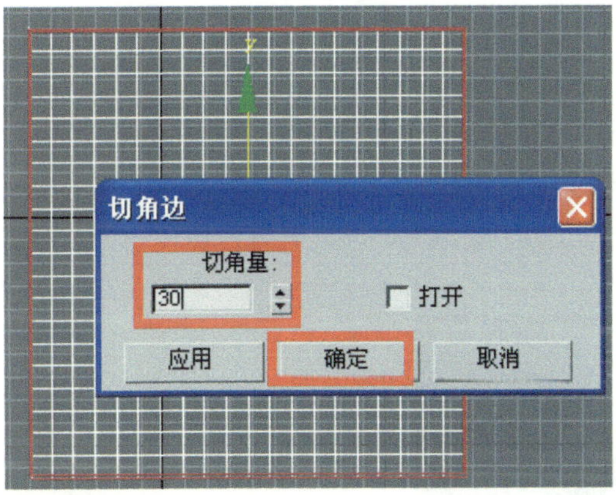

图 4-38 对四周的边进行切角（一）

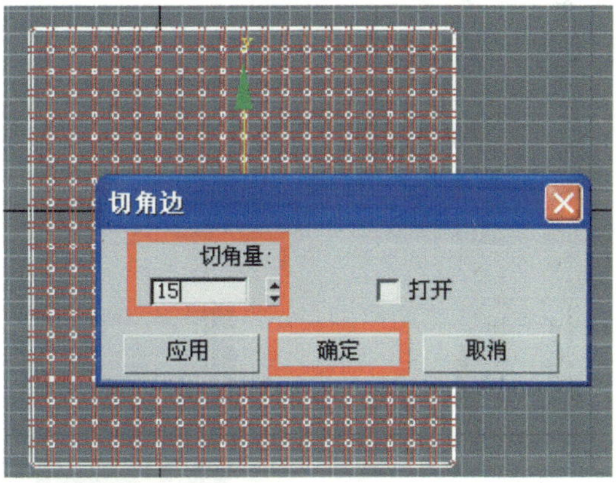

图 4-39 对四周的边进行切角（二）

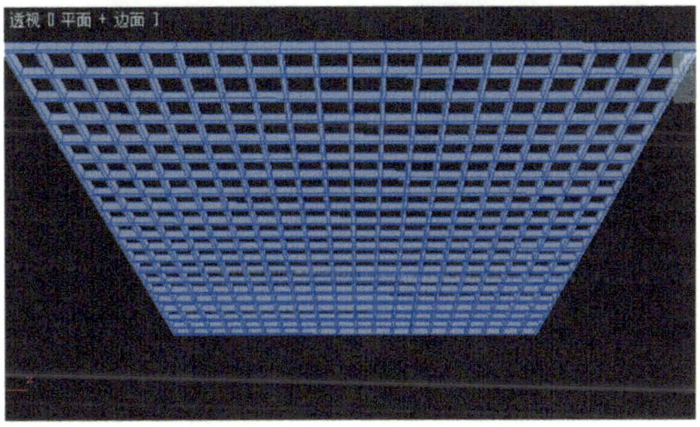

图 4-40 制作的栅格吊顶

步骤 6 单击（创建）/（图形）/ 圆环 （圆环）按钮，在顶视图绘制一个半径 1 为“800”、半径 2 为“450”的同心圆环，并进行“挤出”命令，设置挤出高度为

“60”，如图 4-41 所示。

步骤 7 将制作的环形天花复制多个，并调整它们的大小和位置，如图 4-42 所示，将文件保存，命名为“实例 4-5. max”。

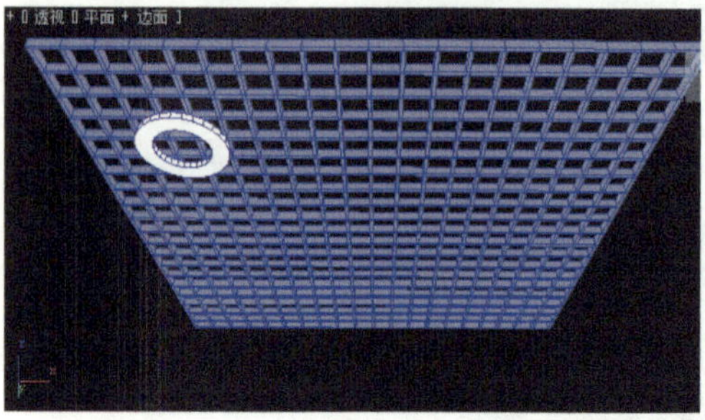

图 4-41 制作的环形天花

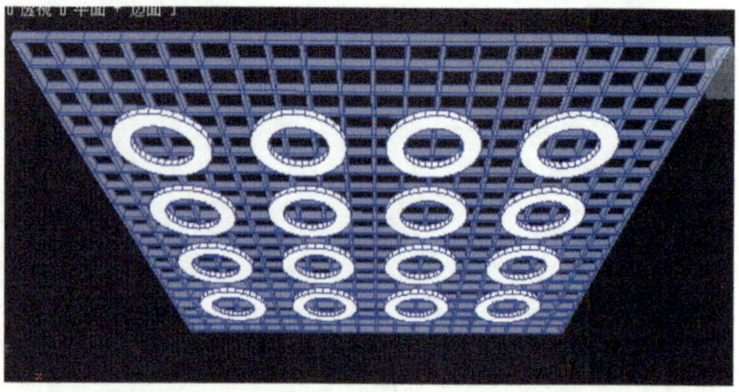

图 4-42 复制并修改环形天花

任务 6 金属吊顶建模

任务描述：

本任务通过制作金属吊顶来学习如何通过编辑样条线中的【挤出】命令将线变为有厚度的边龙骨，并配合【倒角】命令制作吊顶块，金属吊顶用于厨房和卫生间模型中，金属吊顶效果如图 4-43 所示。

图 4-43 卫生间的最终效果图

任务实施：

步骤 1 启动 3ds Max 软件，将单位设置为“毫米”。

步骤 2 激活顶视图，单击 （创建）/ （图形）/ 线 （线）按钮，在顶视图中绘制一个房间内墙轮廓线，选中 (编辑样条线) 子象 (样条线) 按钮，滑动面板找到轮廓选项，将轮廓量设为“25”，然后单击轮廓按钮，将房间内墙轮廓线变为“双线”，最后对双线进行“挤出”将其变为“边龙骨”，挤出数量为“3”。

步骤 3 激活顶视图，单击 (创建)/ (几何体)/ 长方体 (长方体) 按钮，在顶视图中单击鼠标左键并拖动创建一个长方体作为“吊顶块”，位置及参数如图 4-44 所示。

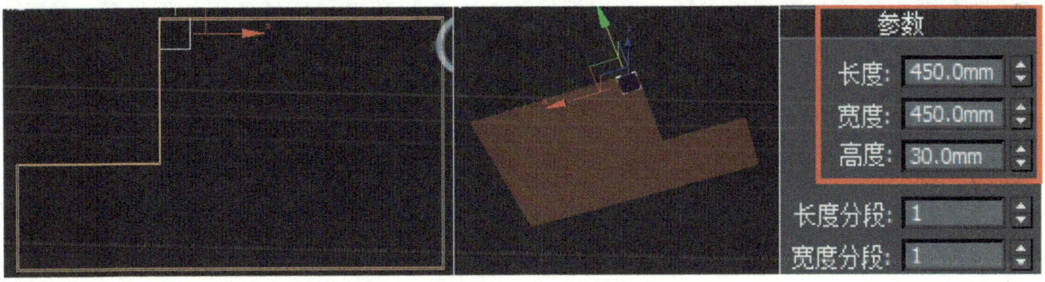

图 4-44 吊顶块的位置及参数

步骤 4 将制作的长方体吊顶块转换为“可编辑多边形”，选择 (可编辑多边形命令) 中的 (多边形) 子象按钮，选择吊顶块底部的面，单击 倒角 (倒角) 命令右侧的按钮，在弹出的对话框中设置参数，第一次将轮廓量设置为“－25”，单击“确定”按钮，如图 4-45 所示。

步骤 5 将吊顶块进行阵列命令以得到整个房间的金属吊顶，效果如图 4-46 所示，将文件保存，命名为“实例 4-6. max”。

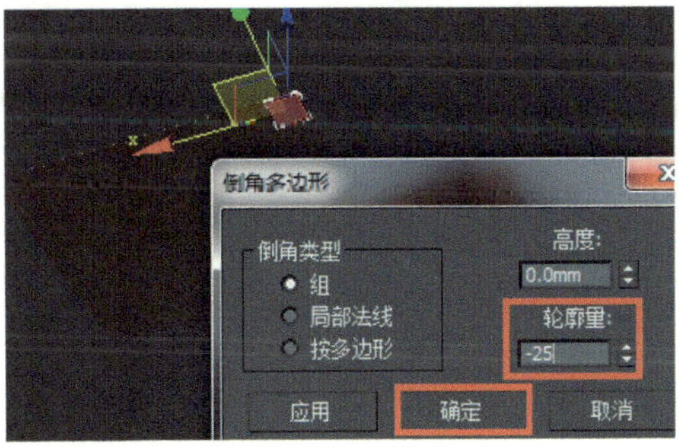

图 4-45 对吊顶块进行倒角

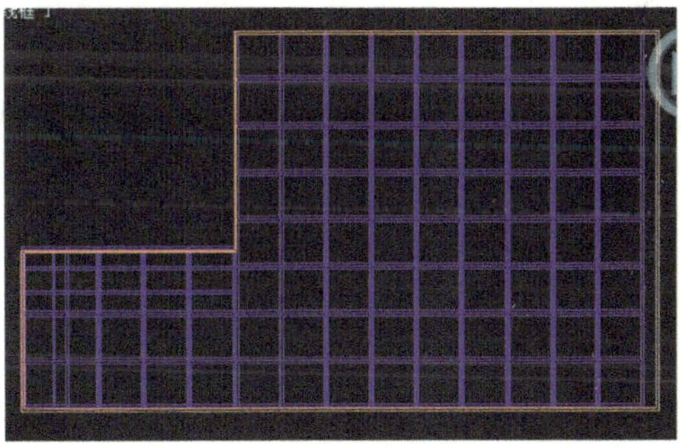

图 4-46 整个房间的金属吊顶

【项目总结】

本项目主要学习【可编辑多边形】命令，重点掌握使用【可编辑多边形】中的【顶点】、【多边形】命令制作各种天花的方法与技巧，以及熟练掌握【可编辑多边形】命令下的【倒角】命令，来修改已经建立的模型。

【素养提升】

行 业 要 求

吊顶在整个居室装饰中占有相当重要的地位，对居室顶面作适当的装饰，不仅能美化室内环境，还能营造出丰富多彩的室内空间艺术形象。家装吊顶是家装中常见的环节。吊顶根据装饰板的材料不同，分类也不相同。吊顶装修材料是区分吊顶名称的主要依据，主要有：轻钢龙骨石膏板吊顶、石膏板吊顶、矿棉板吊顶、夹板吊顶、异形长条铝扣板吊顶、方形镀漆铝扣板吊顶、彩绘玻璃吊顶、铝蜂窝穿孔吸声板吊顶、全房复式吊顶等。

这就要求我们在为业主选择吊顶装饰材料与设计方案时，要遵循既省材、牢固、安全，又美观、实用的原则。

项目五 空间建模

【项目概述】

室内装饰风格与气氛，在很大程度上要靠墙面的造型和格局来体现。对于室内的墙面，若采用壁纸设计，会给人一种温馨、亲切的视觉享受；若采用瓷砖设计，则会使人产生一种清凉、舒爽的感觉。本项目将以不同空间的墙体作为例子，来学习与实践四种建立房间模型的方法。

【学习目标】

通过本项目长方体拼接方法建立卫生间模型、创建长方体建立卧室模型、CAD 导入建立客厅模型、天正软件导入建立卫生间模型等不同方法的学习与实践，应达到以下目标：

1. 熟悉建立房间模型的各种方法，并熟练掌握其中一种。
2. 培养勤奋努力、不追名逐利、为人正直的价值观。

任务 1 卫生间建模——拼接法

任务描述：

本任务通过在 3ds Max 软件中将创建的长方体进行拼接得到卫生间墙体模型，利用【布尔】运算得到窗洞位置，利用【挤出】、【编辑样条线】的修改，让矩形能够通过挤出进行渲染输出。卫生间模型的最终效果如图 5-1 所示。

图 5-1 卫生间模型效果图

任务实施：

步骤 1 启动 3ds Max 软件，单位设置为“毫米”。单击（创建）/（几何体）/长方体（长方体）按钮，在顶视图中创建一个长方体 box1，参数如图 5-2 所示。

图 5-2　box1 参数

步骤 2 原地复制一个长方体，命名为“box2”，调整各项参数及效果如图 5-3 所示。

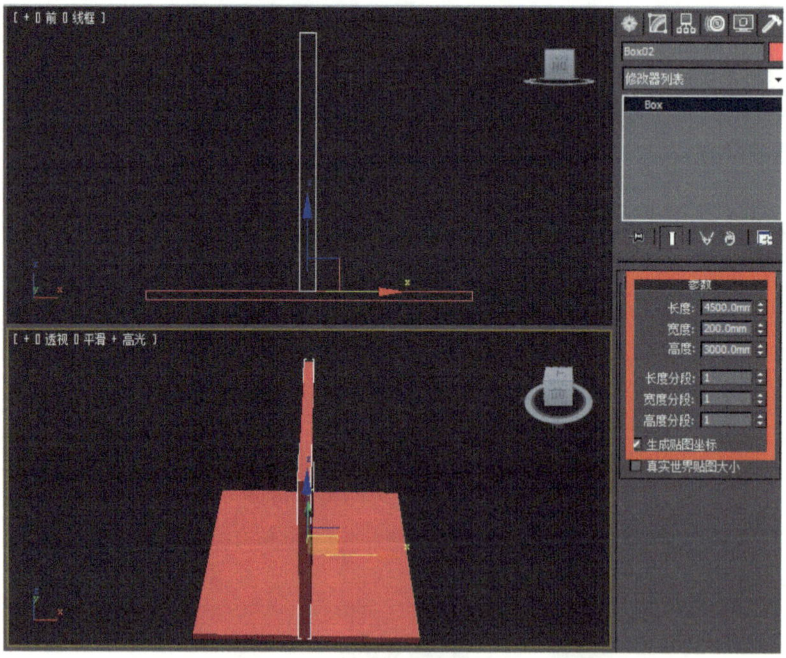

图 5-3　box2 参数设置及效果

步骤 3 打开“2. 5 捕捉”，设置为“端点捕捉”，移动复制的“box2”到合适的位置，效果如图 5-4 所示。

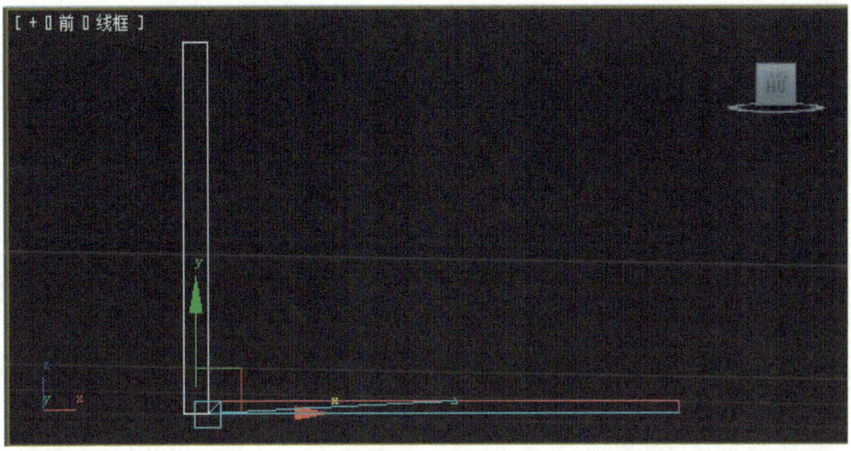

图 5-4　box1 与 box2 位置关系

步骤 4 选中 box2，按住 <Shift> 键实例复制一个长方体“box3”，同样利用 2.5 端点捕捉移动到合适的位置，效果如图 5-5 所示。

图 5-5　box1、box2 与 box3 位置关系

步骤 5 选中地面，在前视图中右键原地复制一个新的长方体“box4”，修改其参数设置，并在各个视图中调整其位置，参数设置及效果如图 5-6 所示。

步骤 6 在前视图中选中 box1 进行原地复制得到“box5”，利用捕捉将 box5 移动到屋顶位置，从而得到卫生间顶棚，如图 5-7 所示。

步骤 7 选中作为墙面的 box4，按住 <Shift> 键在顶视图中复制得到“box6”，位置如图 5-8 所示，至此，卫生间墙体模型创建完毕。

步骤 8 选中要开窗洞的那扇墙 box4，原地复制得到“box7”，修改参数，参数及效果如图 5-9 所示。

步骤 9 激活前视图，将窗洞 box7 在 y 轴上移动“900”的位移，如图 5-10 所示。

步骤 10 选中 box4 和 box7 进行布尔运算，效果及过程如图 5-11 所示。

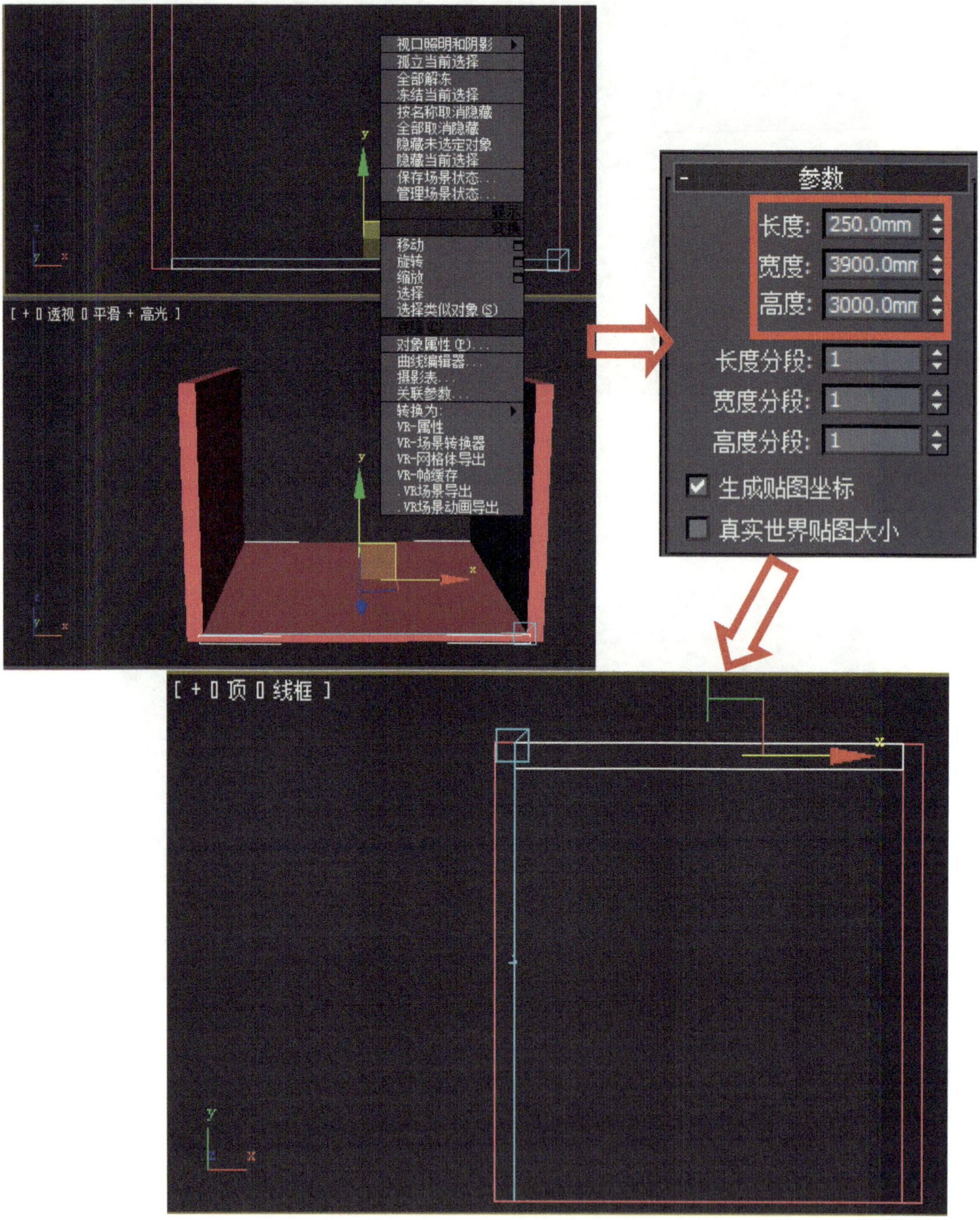

图 5-6　box4 参数设置及与其他长方体位置关系

步骤 11 激活顶视图，按如图 5-12 所示步骤在窗洞的位置绘制推拉窗。

步骤 12 将绘制的窗户在前视图中旋转 90°，然后打开“2.5 捕捉”将其移动到合适位置，如图 5-13 所示。

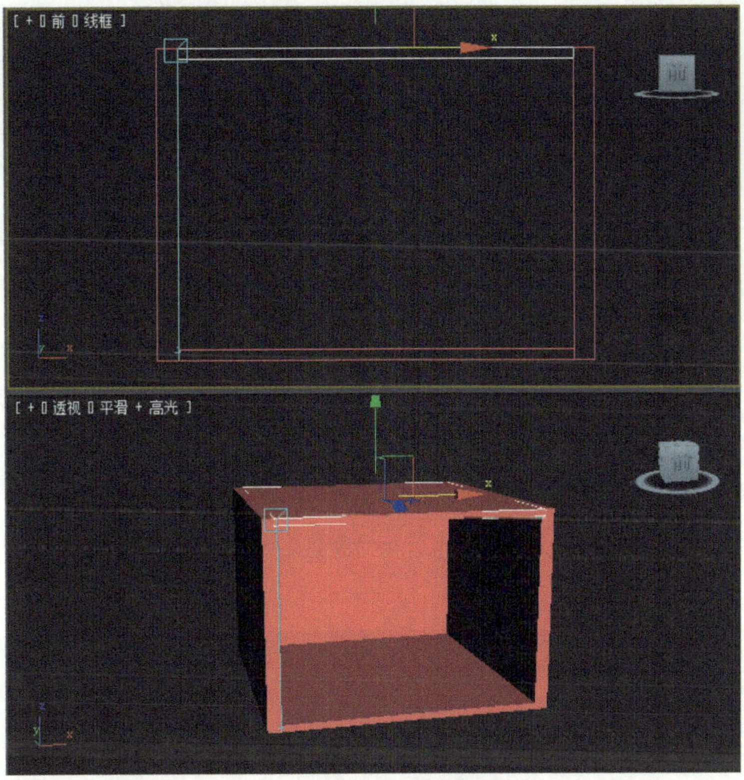

图 5-7　box5 顶棚位置

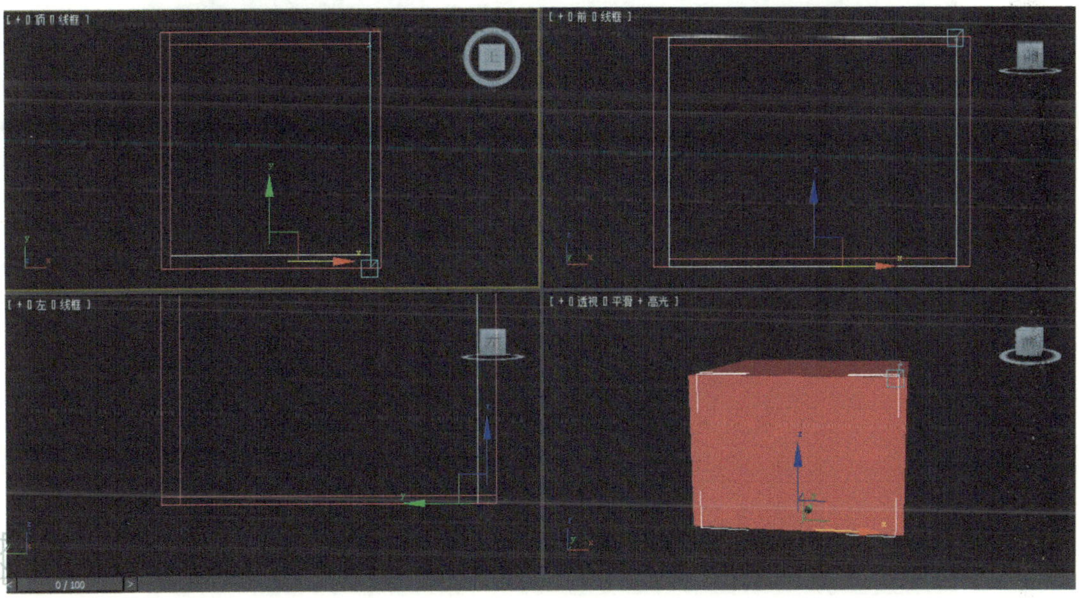

图 5-8　卫生间墙体模型

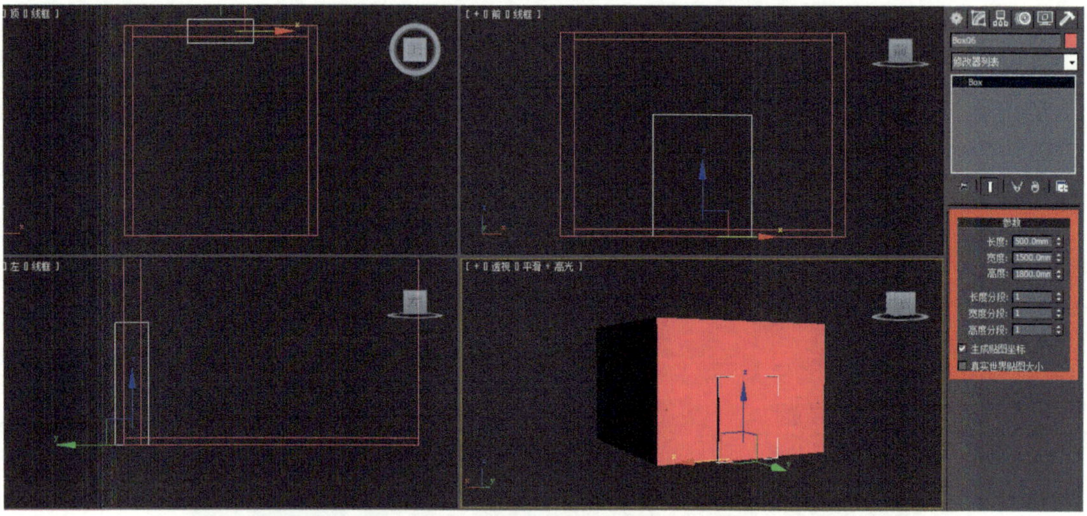

图 5-9　窗洞 box7 参数及效果

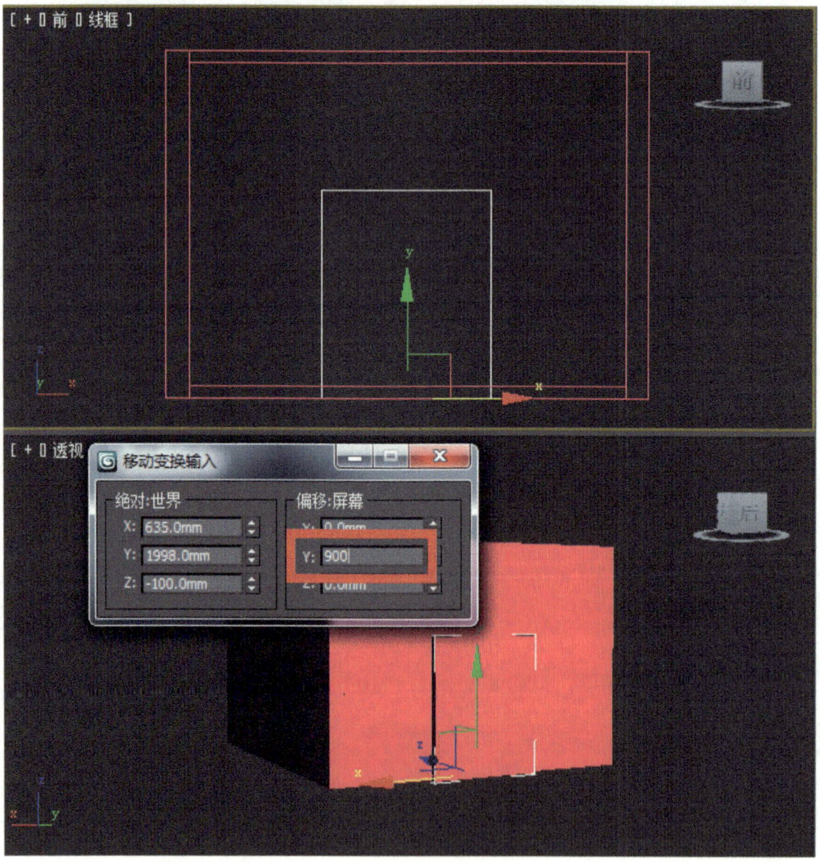

图 5-10　窗洞 box7 在 y 轴上向上移动 900mm

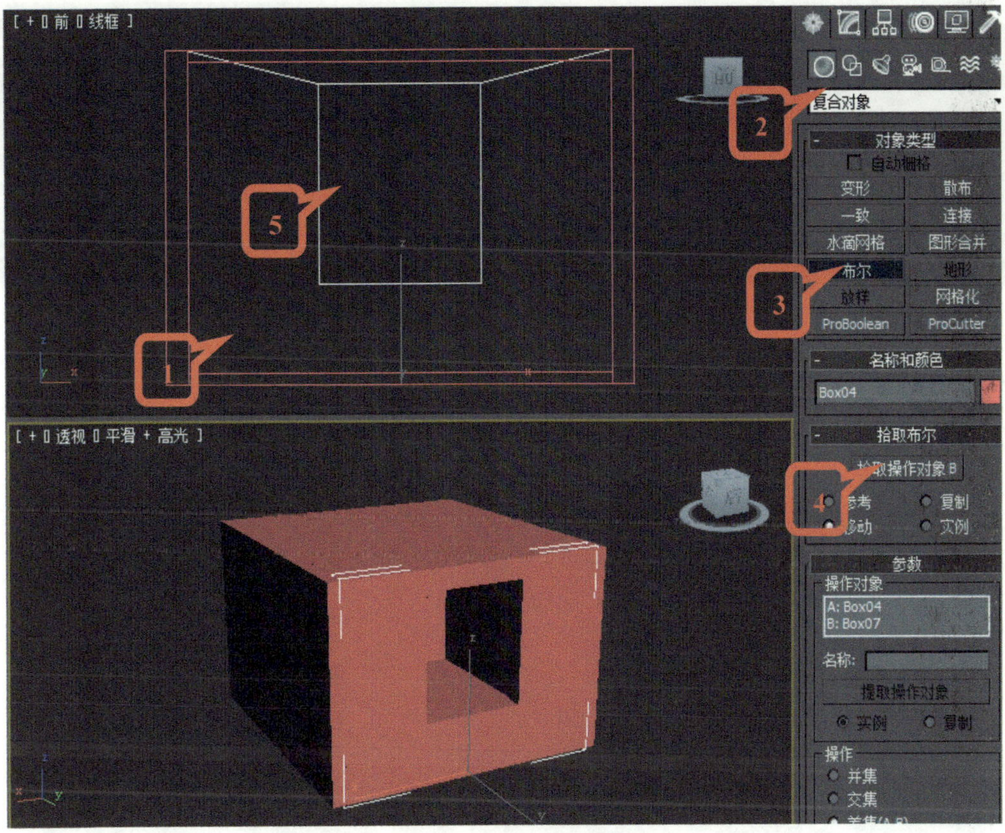

图 5-11　布尔得到窗洞步骤及效果

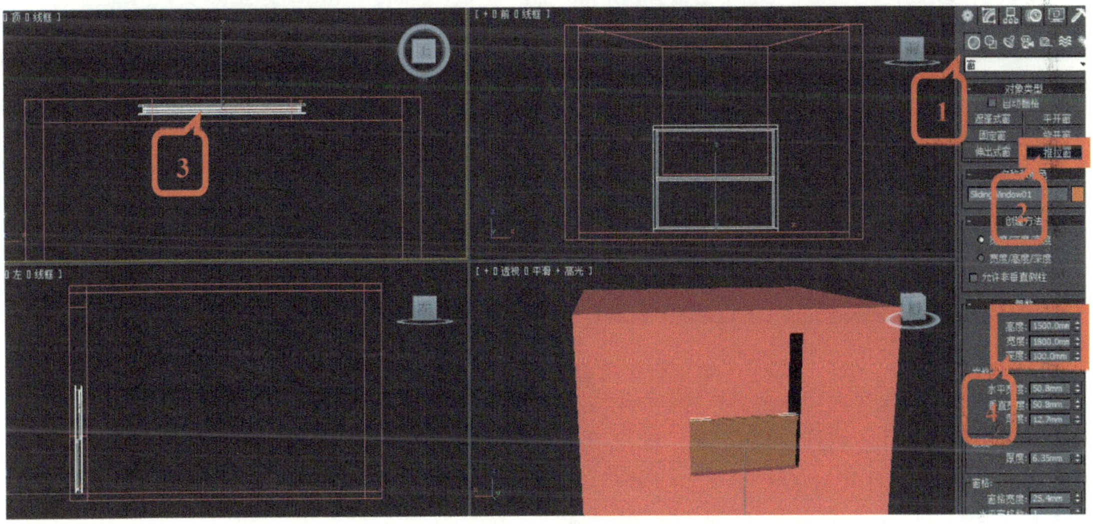

图 5-12　绘制推拉窗

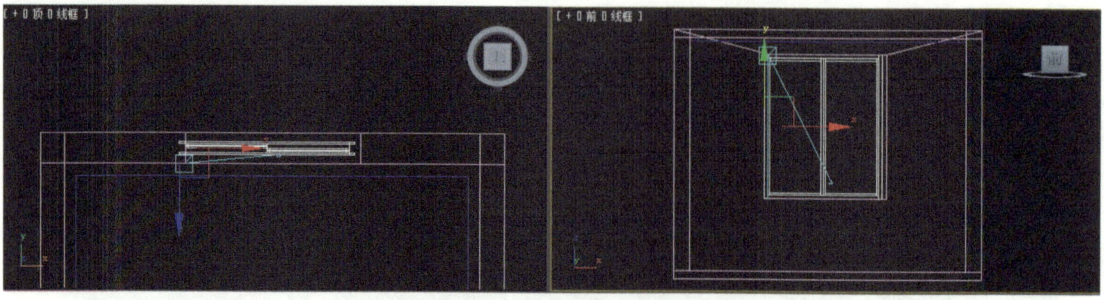

图 5-13 窗户位置

步骤 13 选中要开门洞的那扇墙 box6，原地复制得到“box8”，修改参数，参数及效果如图 5-14 所示。

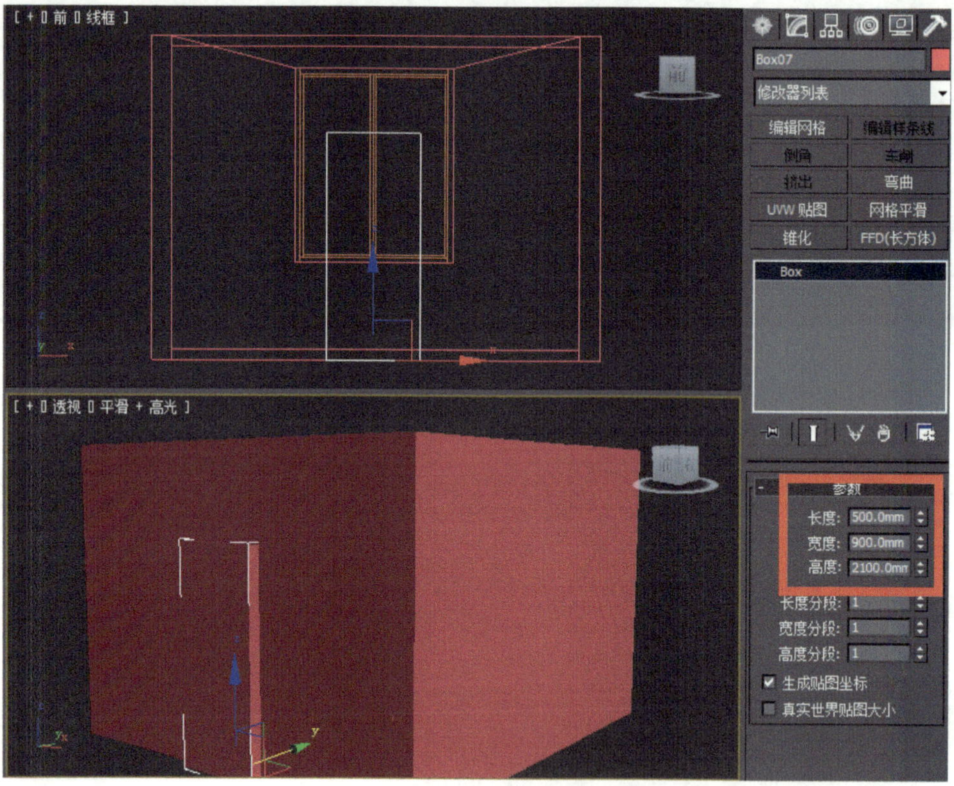

图 5-14 门洞 box8 参数及效果

步骤 14 将门移动到合适位置，如图 5-15 所示，然后将门在 x 轴上向左移动 300，目的是确定门垛的具体尺寸。

步骤 15 选中 box6 和 box8 进行布尔运算，步骤及效果如图 5-16 所示。

步骤 16 激活顶视图，按如图 5-17 所示步骤在门洞的位置绘制枢轴门。

步骤 17 按下键盘上的 <Ctrl + S> 键，将制作的卫生间造型保存为“实例 5-1. max”。

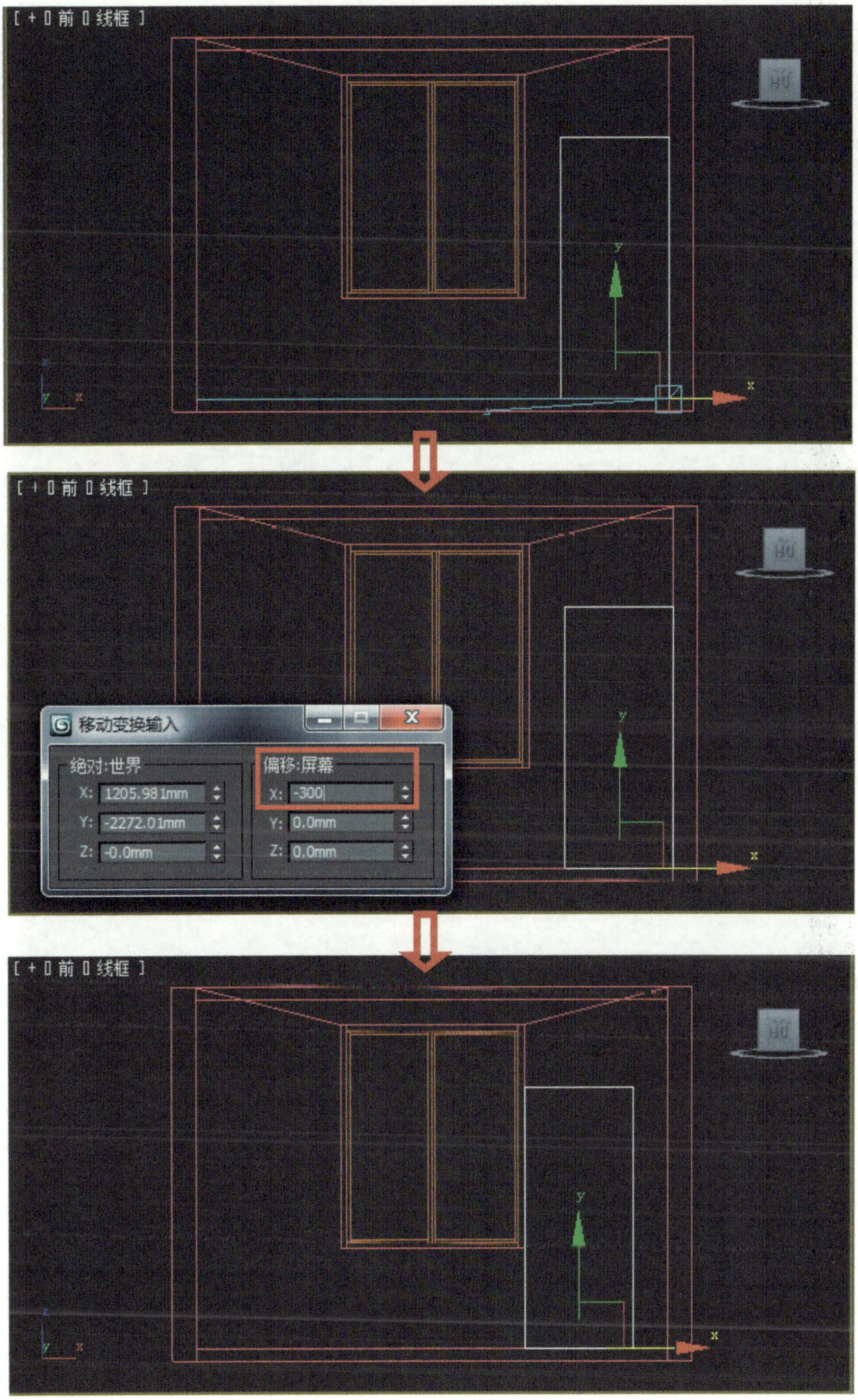

图 5-15　门洞做法及位置

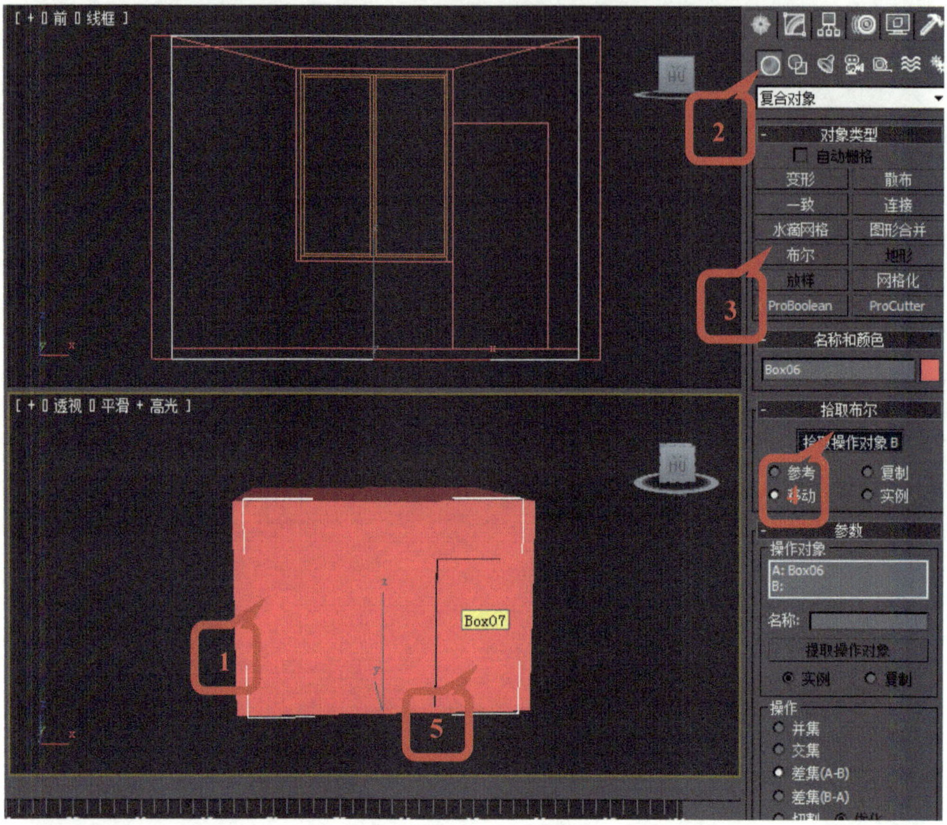

图 5-16　布尔得到门洞步骤及效果

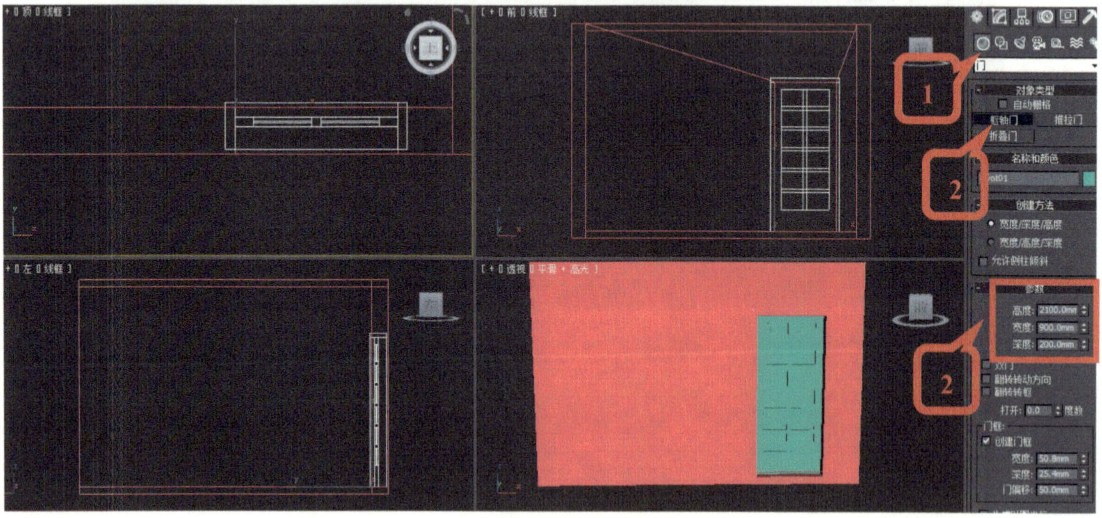

图 5-17　绘制枢轴门

任务 2 卧室建模——创建法

任务描述：

本任务通过在 3ds Max 软件中将创建的长方体进行对象属性设置并转换为可编辑多边形的方法得到卧室墙体模型，利用【布尔】运算得到窗洞位置，利用【挤出】、【编辑样条线】的修改，让矩形能够通过挤出进行渲染输出。卧室模型的最终效果如图 5-18 所示。

图 5-18　卧室模型效果图

任务实施：

步骤 1 启动 3ds Max 软件，将单位设置为“毫米”。单击（创建）/（几何体）/长方体（长方体）按钮，在顶视图中创建一个长方体“box1”，参数设置如图 5-19 所示。选中 box1 单击鼠标右键，选择“对象属性”，如图 5-19 所示，弹出“对象属性”对话框，勾选“背面消隐”选项。

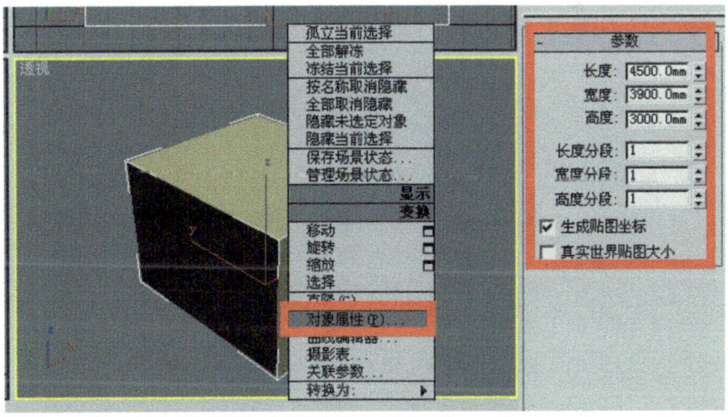

图 5-19　box1 参数设置

步骤 2 将对象 box1 转换为“可编辑多边形”，如图 5-20 所示，选择“可编辑多边形”命令中的（元素）按钮，点选长方体 box1，进行翻转操作，翻转后效果如图 5-21 所示。

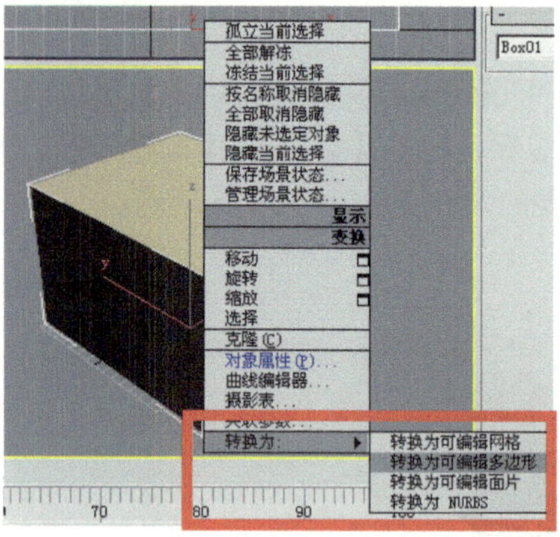

图 5-20 转换为可编辑多边形

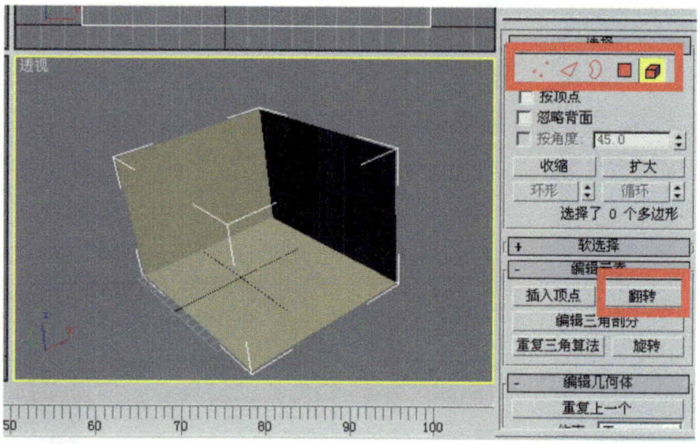

图 5-21 翻转后效果

步骤 3 选择可编辑多边形命令中的（多边形）按钮，点选窗户所在位置的那个面进行倒角命令，参数设置如图 5-22 所示。

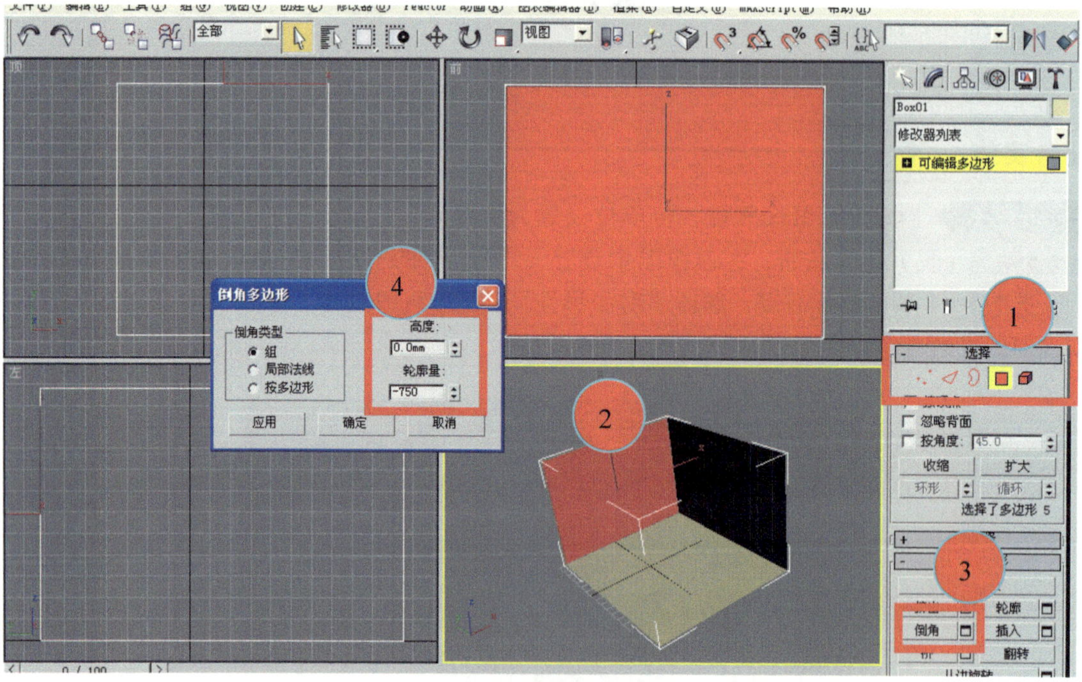

图 5-22 倒角参数设置

步骤 4 对步骤 3 中倒角的面进行挤出操作，参数及效果如图 5-23 所示。

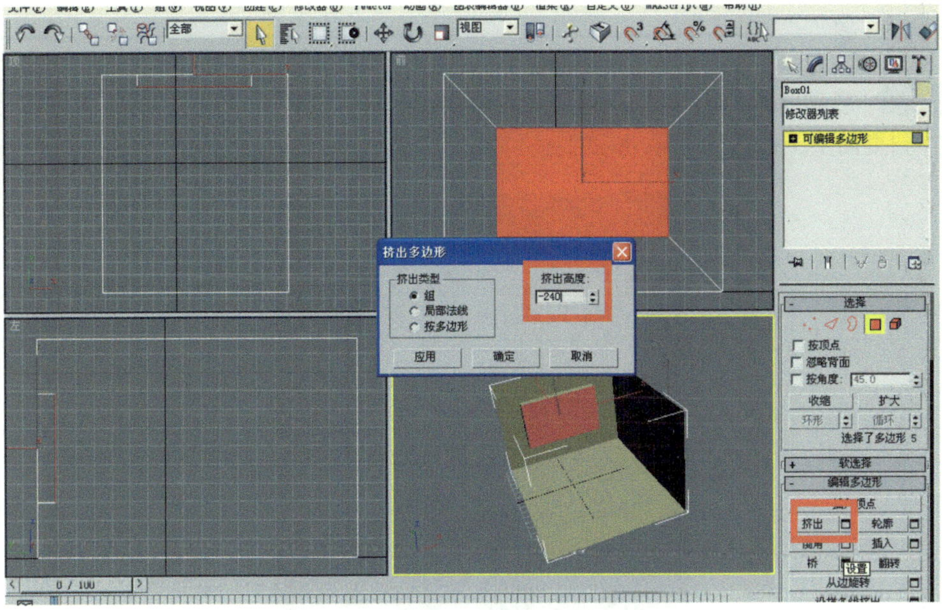

图 5-23　挤出参数设置及效果

步骤 5 删掉步骤 4 挤出的图形以形成窗洞位置，并利用实例 3-3 中“挤出”和“编辑样条线”的方式在窗洞的位置绘制卧室窗户，按下键盘上的 <Ctrl + S> 键，将制作的卧室模型保存为“实例 5-2. max”。

任务 3 客厅建模——CAD 导入法

任务描述：

本任务通过将 CAD 绘制的图形导入 3ds Max 软件中，通过【挤出】、【转换为可编辑多边形】、【对象属性】来制作客厅模型，并在客厅模型中绘制推拉门，客厅模型的最终效果如图 5-24 所示。

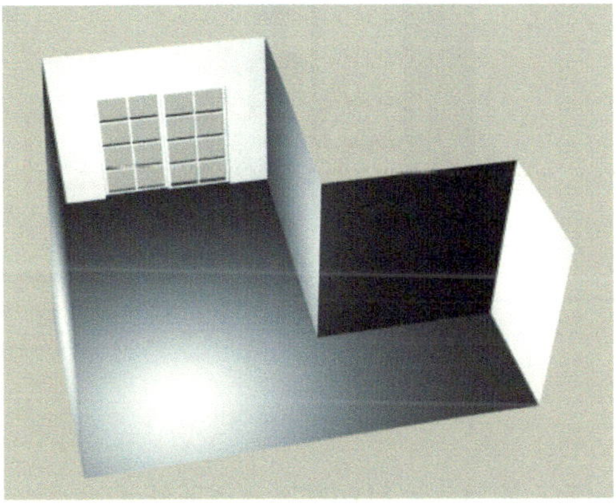

图 5-24　客厅模型最终效果

任务实施：

步骤 1 启动 AutoCAD 软件，利用画线命令绘制一个如图 5-25 所示的不规则图形，并将其保存到桌面上，命名为“w. dwg”。

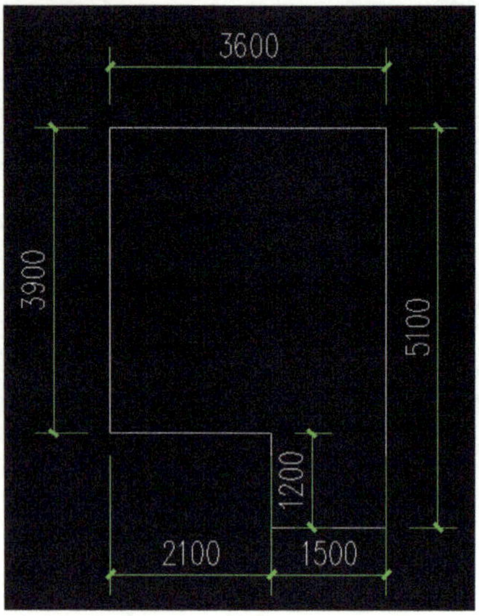

图 5-25　CAD 中客厅模型参数

步骤 2 启动 3ds Max 软件，点击左上角控制图标的“导入”命令，弹出“选择要导入的文件”对话框，在查找范围选择桌面，文件类型为“AutoCAD 图形（＊. DWG，＊. DXF)”，并选择步骤 1 中创建的文件“w. dwg”，如图 5-26 所示，点击打开。

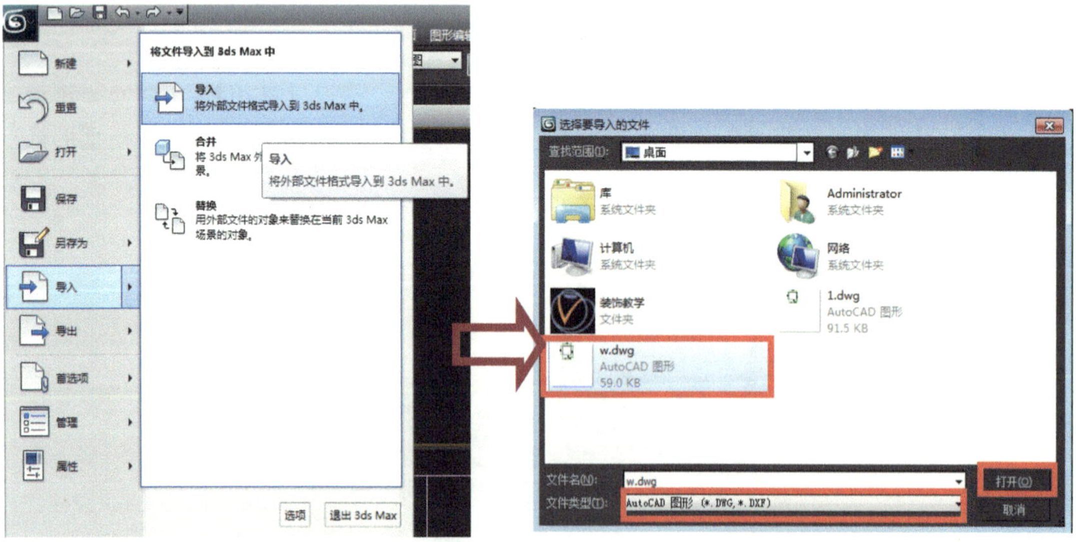

图 5-26　选择要导入的文件

步骤 3 在如图 5-27 所示的 AutoCAD DWG/DXF 导入选项对话框中选择“重缩放”，

并将传入的文件单位改为“毫米”，勾选上“焊接附近顶点（w）”选项，点击“确定”按钮，CAD 文件就导入到了 3ds Max 中，进行挤出，挤出数量为“3000”，切记将单位设置为“毫米”，效果如图 5-28 所示。

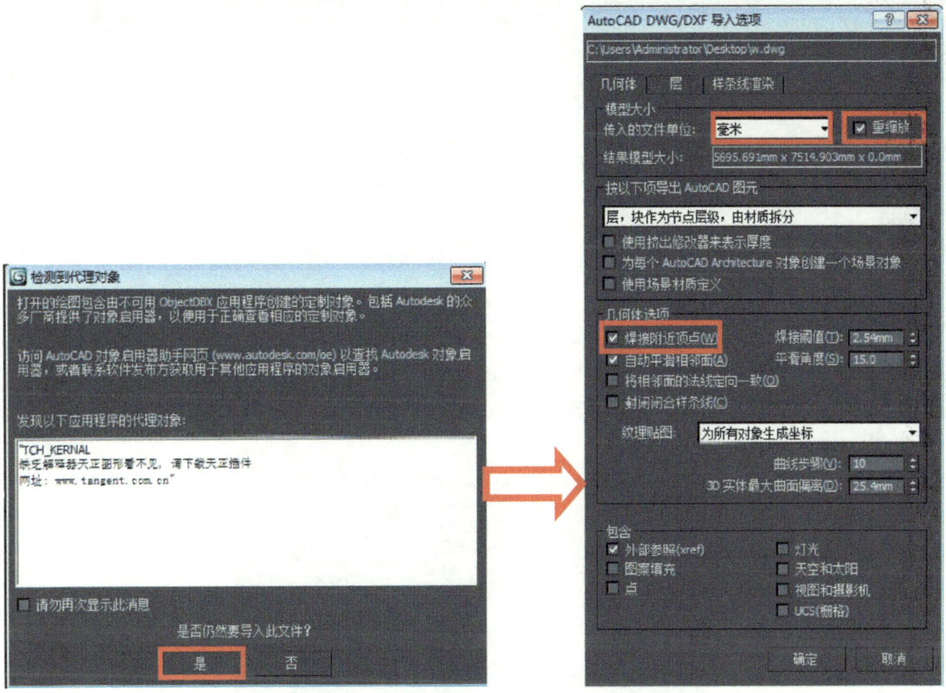

图 5-27 AutoCAD DWG/DXF 导入选项

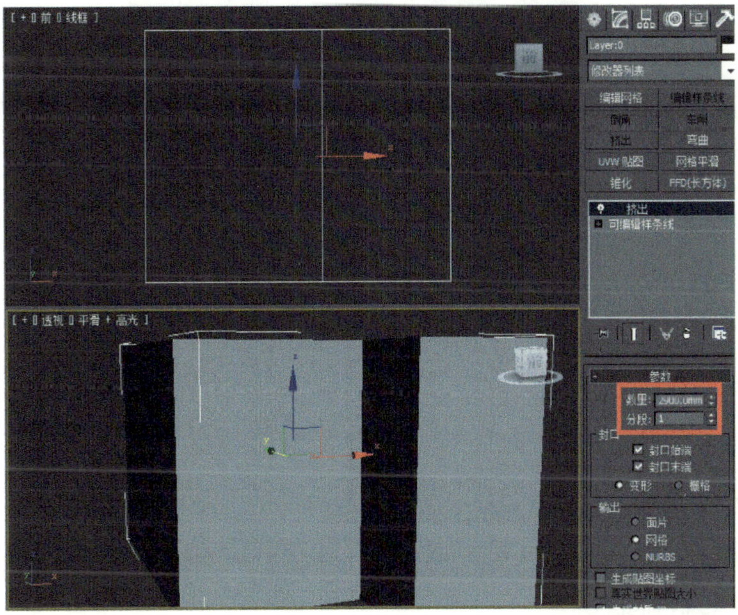
图 5-28 挤出效果

步骤 4 将对象转换为“可编辑多边形”，如图 5-29 所示，选中并点击鼠标右键，选择“对象属性”，弹出“对象属性”对话框，勾选“背面消隐”选项。

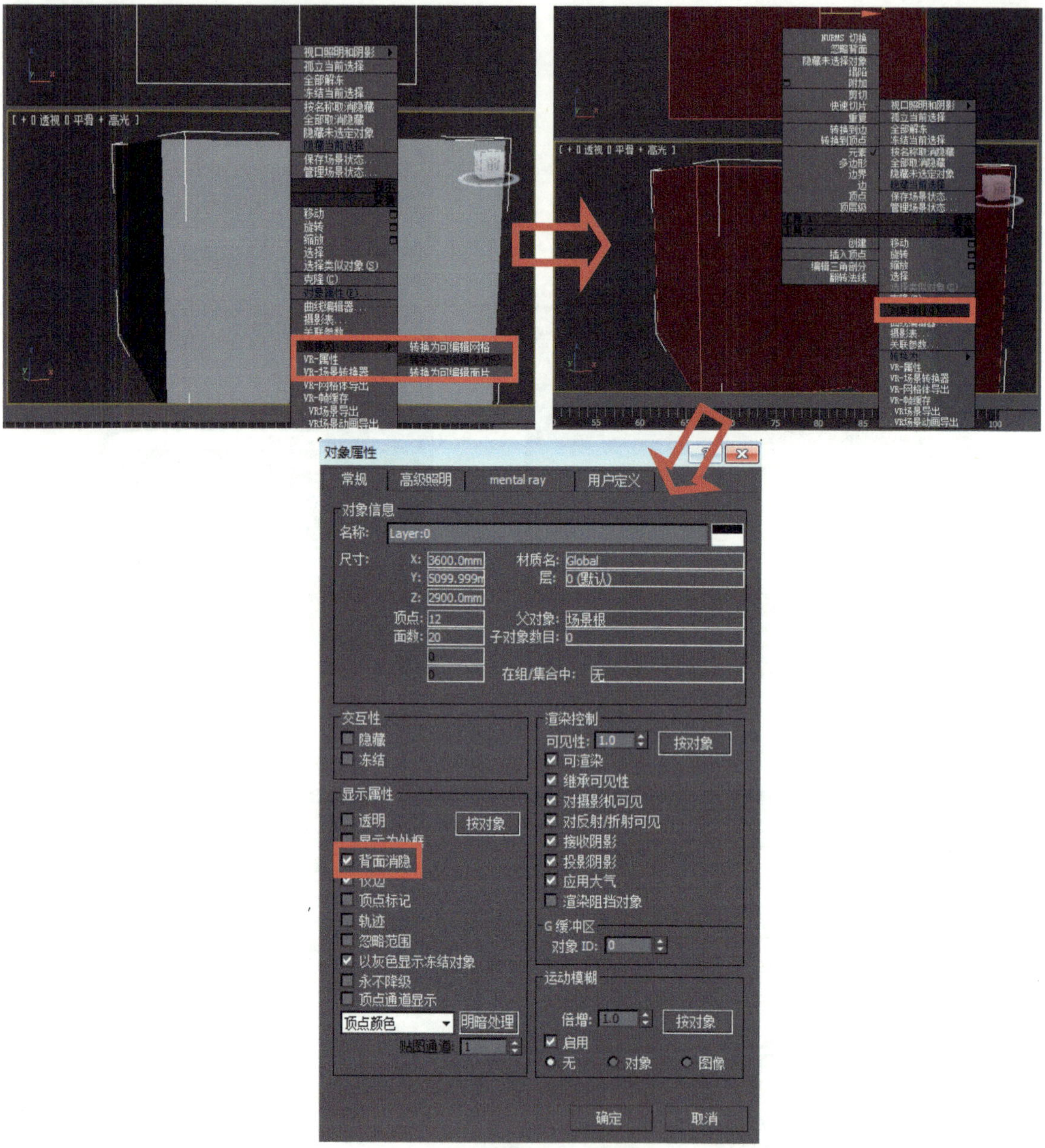

图 5-29　对象属性设置

步骤 5 选择可编辑多边形命令的子项（边），在要开窗洞的墙上，选择水平方向的两条线，点击 连接 （连接）右侧按钮，将分段数改为“2”，步骤及效果如图 5-30 所示。

步骤 6 选中左侧线，将其向左移动 150mm，选中右侧线，将其向右移动 150mm，从

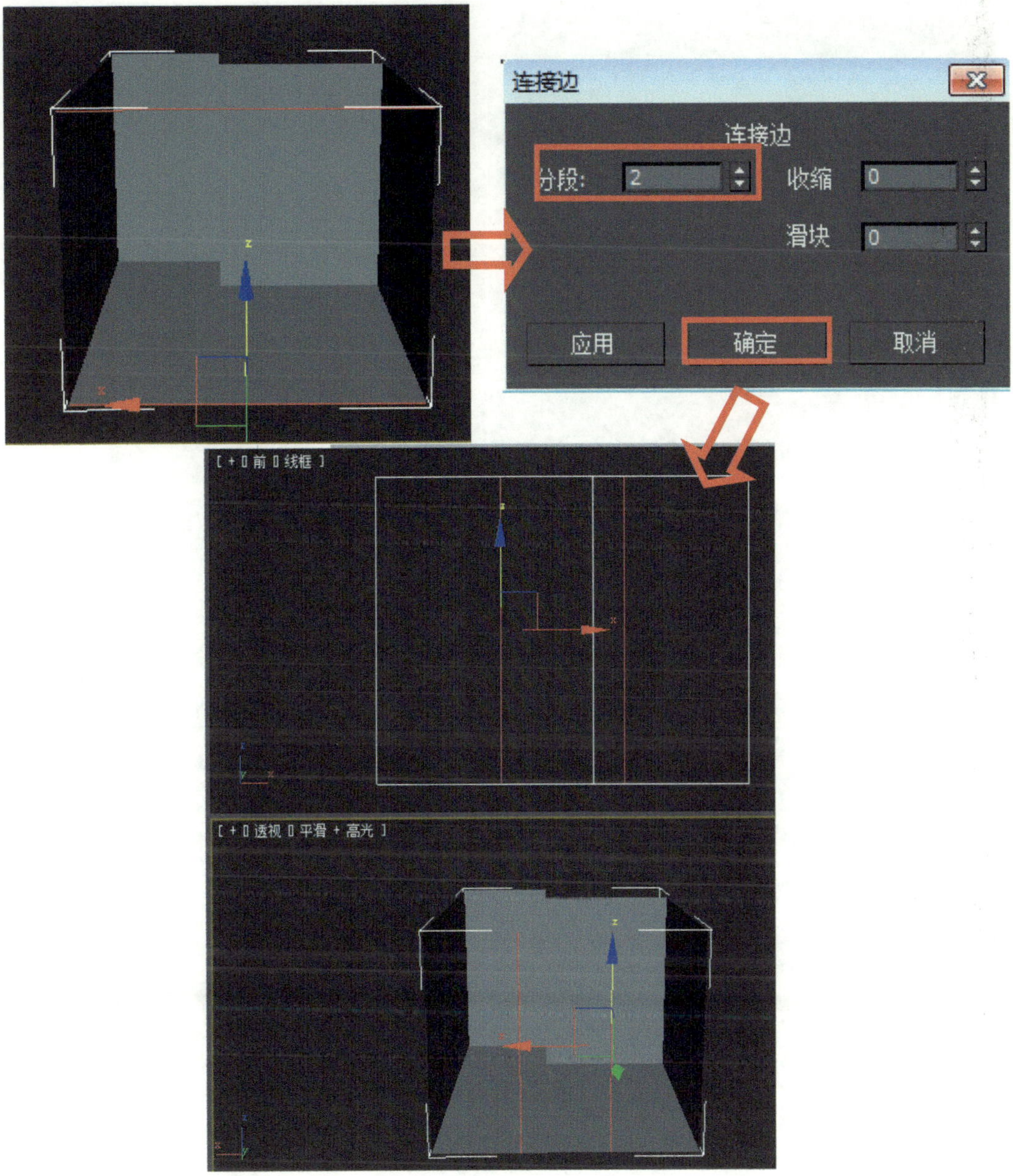

图 5-30 连接步骤及效果

而得到窗宽 1500mm，步骤如图 5-31 所示。

步骤 7 点击 连接 （连接）右侧按钮，将分段数改为“2”，将两条线进行移动，步骤及效果如图 5-32 所示。

步骤 8 选择可编辑多边形命令子项（多边形）命令，选中如图 5-33 所示的多边形，点击 挤出 右侧按钮，输入挤出值为“－250”，效果如图 5-34 所示，按键盘上 <Delete> 键删除该挤出面。

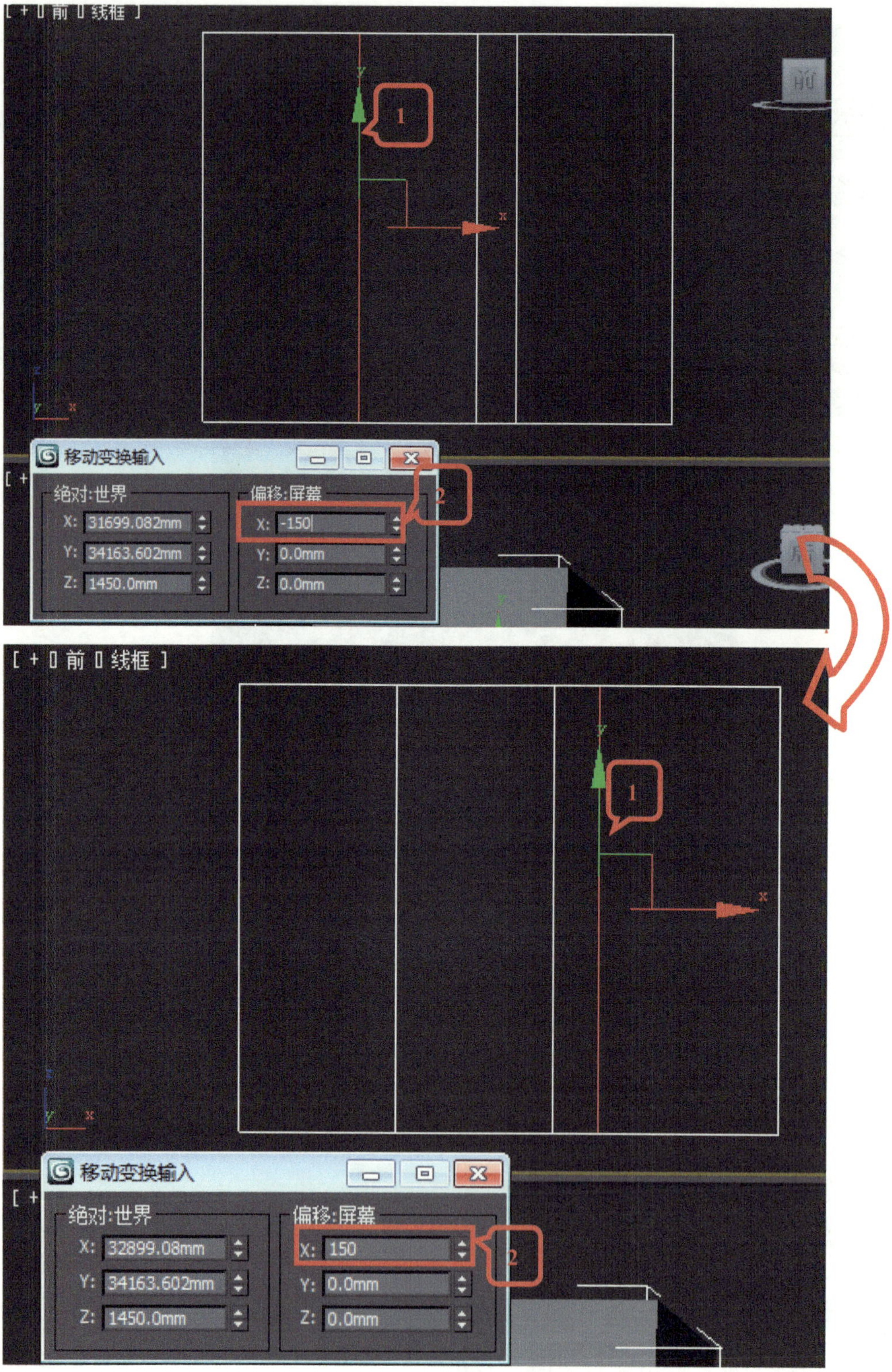
[+] 前] 线框]
1
移动变换输入
绝对:世界
X: 31699.082mm
Y: 34163.602mm
Z: 1450.0mm
偏移:屏幕
X: -150
Y: 0.0mm
Z: 0.0mm
2
[+] 前] 线框]
1
移动变换输入
绝对:世界
X: 32899.08mm
Y: 34163.602mm
Z: 1450.0mm
偏移:屏幕
X: 150
Y: 0.0mm
Z: 0.0mm
2

图 5-31　如何定位窗宽

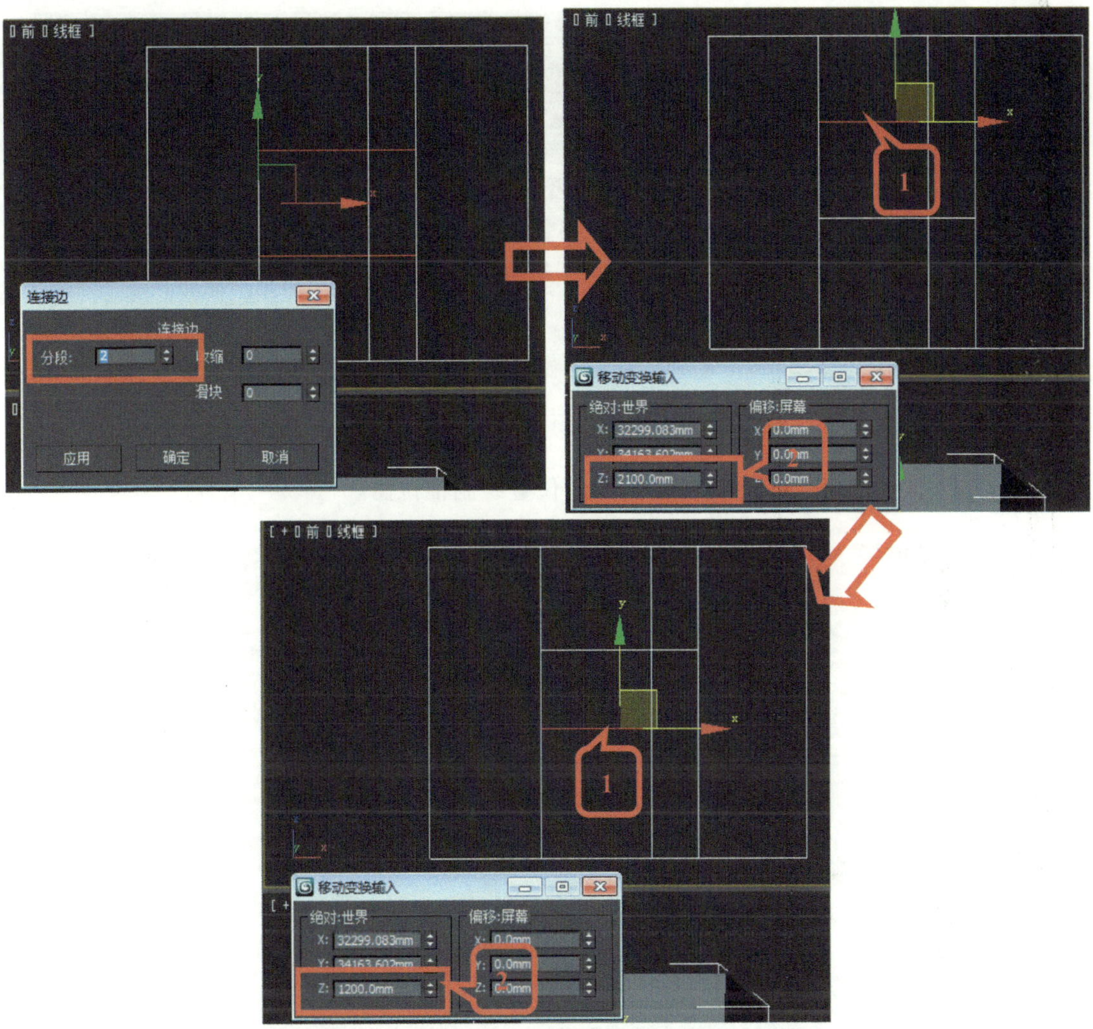

图 5-32　得到窗高 2100mm 和窗台高 1200mm

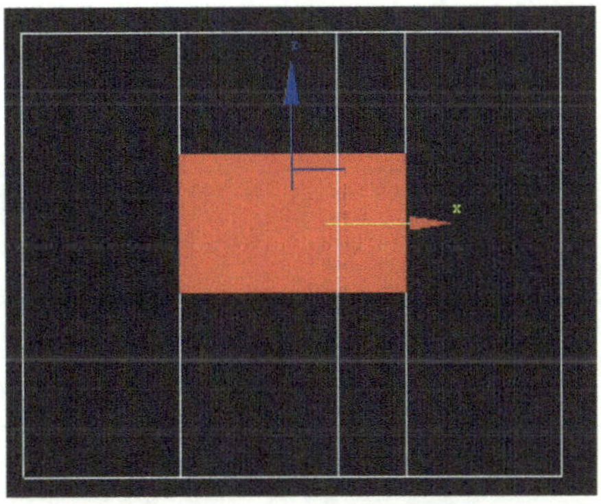

图 5-33　选择窗洞多边形

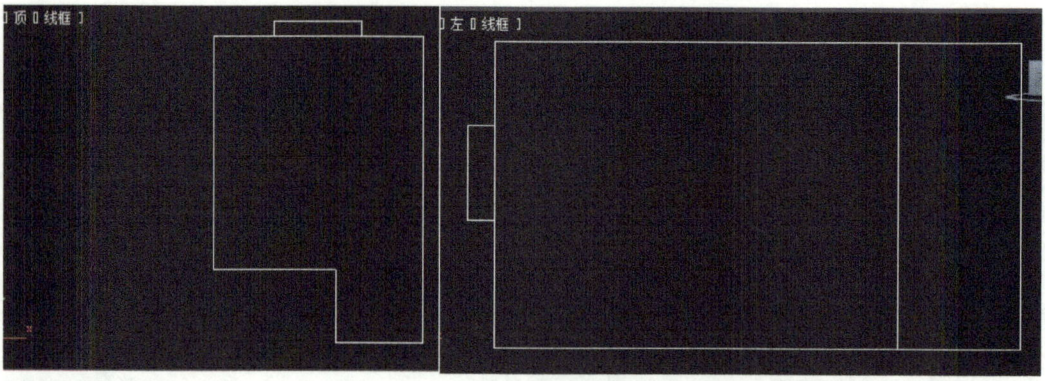

图 5-34　窗洞在顶视图和左视图效果

步骤 9　按如图 5-35 所示在刚才窗洞的位置绘制推拉窗。

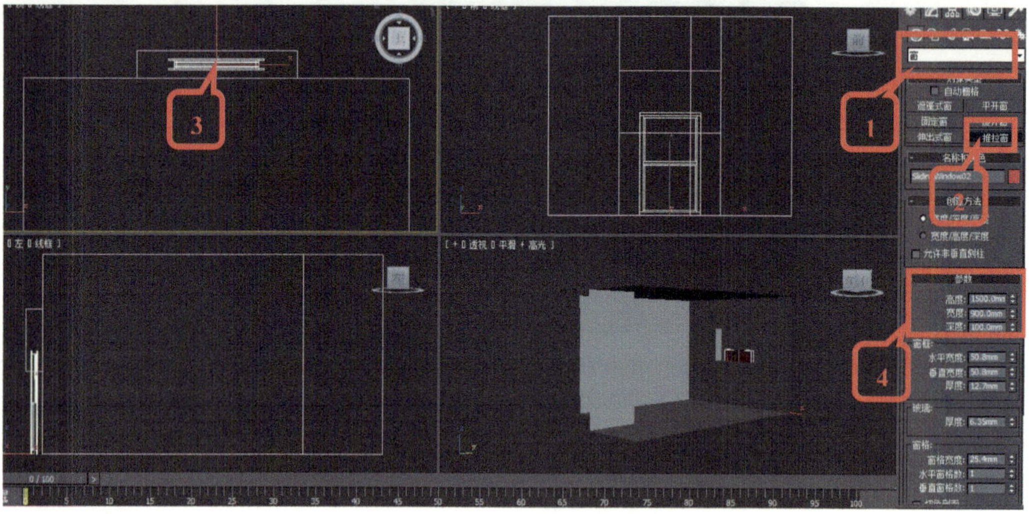

图 5-35　绘制推拉窗

步骤 10　在前视图中打开角度捕捉，并将角度设置为“90°”，将窗户旋转 90°，如图 5-36所示。

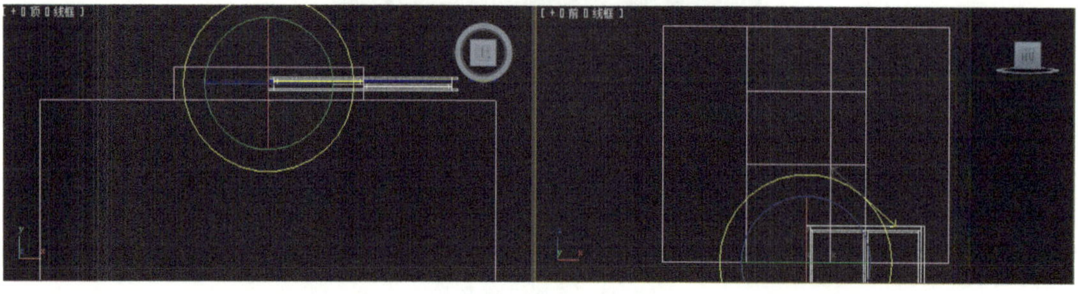

图 5-36　前视图将窗户旋转 90°

步骤 11 打开“2.5 捕捉”的“端点”捕捉进行移动，将窗户移动到合适位置，如图 5-37 所示。

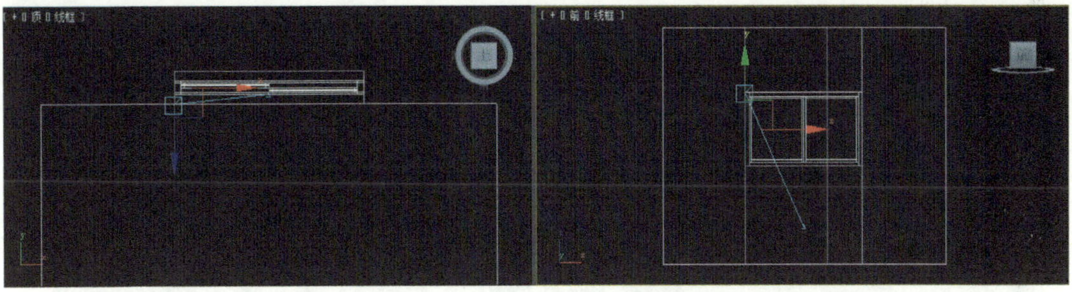

图 5-37　移动窗户到合适位置

步骤 12 同样的方法得到门，选择可编辑多边形子项（边）命令，在要开门洞的墙上，选择水平方向的两条线，点击连接右侧按钮，将分段数改为“2”，步骤及效果如图 5-38 所示。

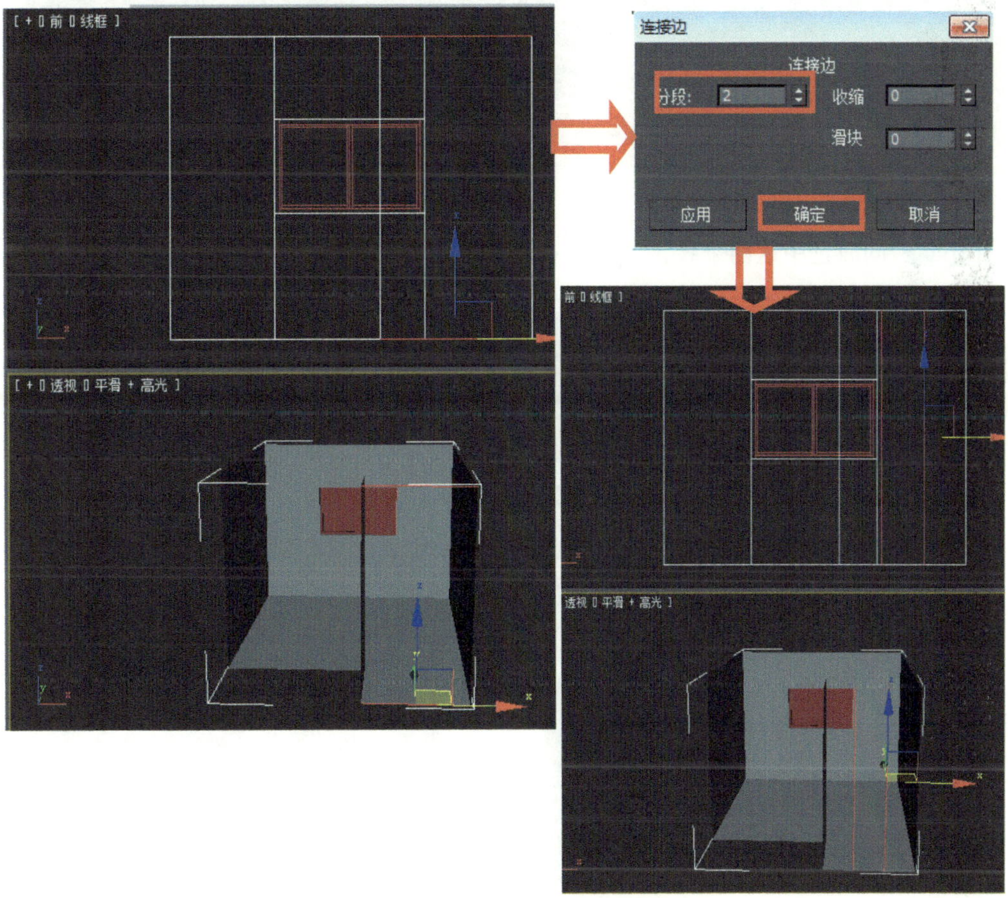

图 5-38　开门洞步骤及效果

步骤 13 选择左侧线向左移动 200mm，右侧线向右移动 200mm，得到门窗 900mm，如图 5-39 所示。

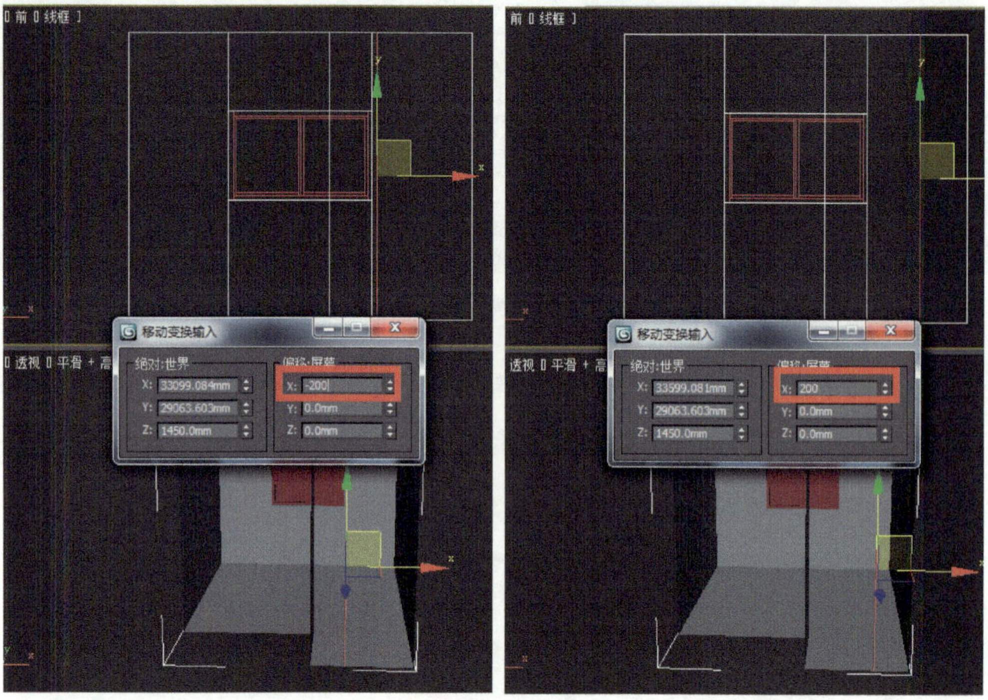

图 5-39 得到门宽 900mm

步骤 14 同时选中这两条线，点击右侧按钮，进行连接，如图 5-40 所示。

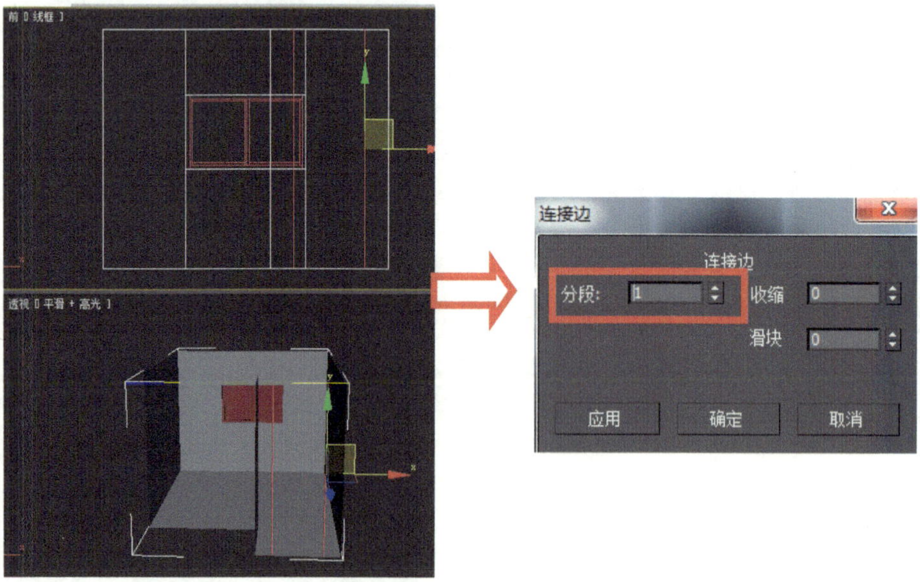

图 5-40 门的连接

步骤 15 选择可编辑多边形子项（边）命令，选择横向的那条边，在 z 轴上绝对坐标设置为“2100”，从而得到门高，如图 5-41 所示。

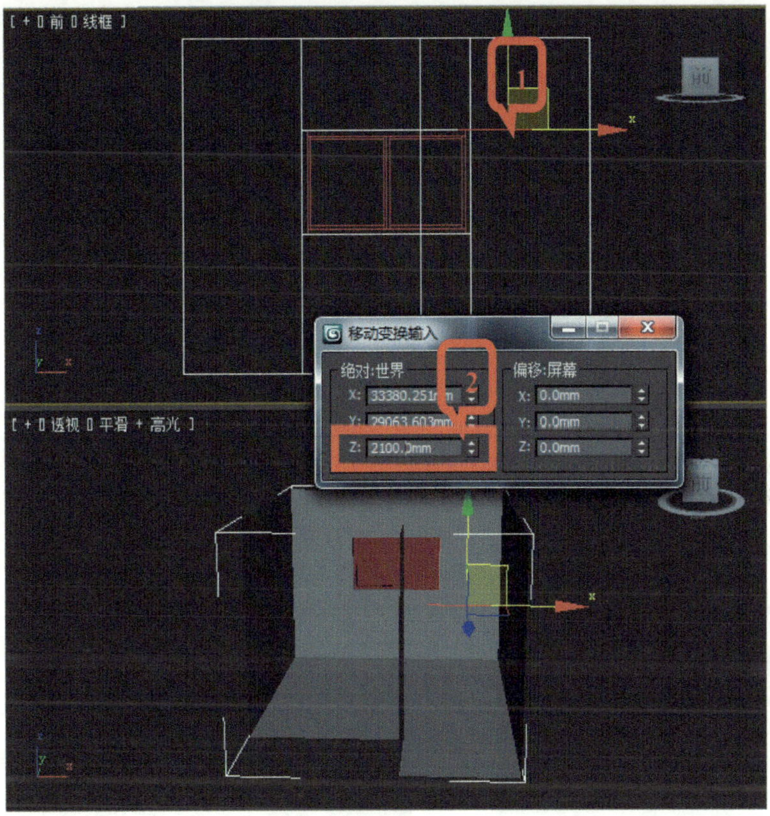

图 5-41 得到门高

步骤 16 选择可编辑多边形命令子项（多边形）命令，选中如图 5-41 中的门，点击 挤出 右侧按钮，输入挤出值为“-250”，按键盘上<Delete>键删除该挤出面，参照绘制窗户的步骤利用端点捕捉到合适位置绘制推拉门。按下键盘上的<Ctrl+S>键，将制作的客厅模型保存为“实例 5-3. max”。

任务 4 卫生间建模——天正导入法

任务描述：

本任务通过在天正建筑 2013 中绘制二维房间模型，然后通过工程管理的方法形成三维立体模型，进而导入到 3ds Max 软件中，卫生间模型的最终效果如图 5-42 所示。

图 5-42　卫生间模型效果图

任务实施：

步骤 1 打开天正建筑 2013 软件，绘制轴网、墙体和门窗，如图 5-43 所示；将其通过工程管理形成三维立体模型，如图 5-44 所示。

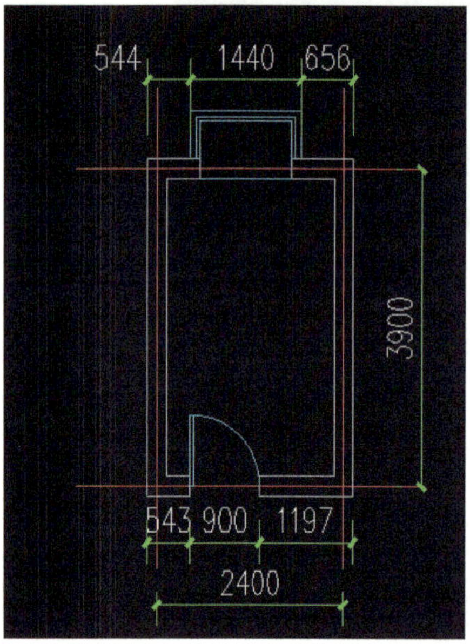

图 5-43　天正绘制卫生间图

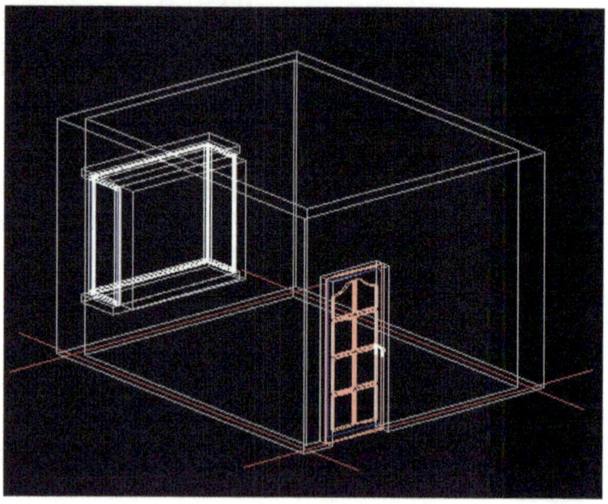

图 5-44　三维立体模型

步骤 2 启动 3ds Max 软件，点击“文件”菜单下的“导入”命令，弹出“选择要导入的文件”对话框，在查找范围选择桌面，文件类型为“AutoCAD 图形（ *. DWG， *. DXF）”，并选择步骤 1 中创建的三维立体模型，点击打开。

步骤 3 利用“可编辑网格”命令对该模型进行各种操作，最终形成卫生间模型。按下键盘上的 <Ctrl + S> 键，将制作的卫生间造型保存为“实例 5-4. max”。

【项目总结】

本项目主要学习了四种创建墙体的方法，应熟悉掌握如何在 CAD 绘制的图纸基础上建立模型，从而得到准确、快速的建模质量。

【素养提升】

职业素养

一个成熟的室内设计师必须要有艺术家的素养、工程师的严谨、旅行家的阅历、经营者的经营理念、财务专家的成本意识。设计即思想，设计是设计师专业知识、人生阅历、文化艺术涵养、道德品质等诸多方面的综合体现。只有内在的修炼提高了，才能做出作品、精品、上品和神品，否则，就只是处于初级的模仿阶段，流于平凡。一个人品、艺德不高的设计师，他的设计品位也不会高。

这就要求我们不断提升自身素养，不断积累。